我为自己代言

——写给年轻一代的励志书

刘振友 著

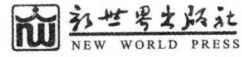
新世界出版社
NEW WORLD PRESS

图书在版编目（CIP）数据

我为自己代言：写给年轻一代的励志书 / 刘振友著. -- 北京：新世界出版社，2017.4
ISBN 978-7-5104-6187-3

Ⅰ.①我… Ⅱ.①刘… Ⅲ.①成功心理—通俗读物 Ⅳ.① B848.4-49

中国版本图书馆 CIP 数据核字（2017）第 018713 号

我为自己代言

作　　者：	刘振友
策划编辑：	张铁成
责任编辑：	佟　萌
责任印制：	李一鸣　王宝根
出版发行：	新世界出版社
社　　址：	北京西城区百万庄大街 24 号（100037）
发 行 部：	（010）6899 5968　（010）6899 8705（传真）
总编室：	（010）6899 5424　（010）6832 6679（传真）

http://www.nwp.cn
http://www.nwp.com.cn
版 权 部：+8610 6899 6306
版权部电子信箱：nwpcd@sina.com

印　　刷：	北京亚通印刷有限责任公司
经　　销：	新华书店
开　　本：	787mm×1092mm　1/16
字　　数：	160 千字　　印张：15.75
版　　次：	2017 年 4 月第 1 版　2017 年 4 月第 1 次印刷
书　　号：	ISBN 978-7-5104-6187-3
定　　价：	36.00 元

版权所有，侵权必究

凡购买本社图书，如有缺页、倒页、脱页等印装错误，可随时退换。
客服电话：（010）6899 8638

前 言

当下的中国,处于一个前所未有的转型时代。飞速发展与变化的环境给我们每个人带来了巨大的冲击。

很多年轻人,在各种压力与挑战面前无所适从,忘记了人生的理想,失去了前进的动力,不知道未来在哪里、希望在哪里,整天寻求感官刺激,或者沉迷于游戏当中而不能自拔,月光族、啃老族、宅男、宅女纷纷出现。而我自己的人生经历告诉我:人,必须依靠自己的努力,积极思考,才能赢得转机,实现人生的弯道超车,把梦想变为现实。

2012年10月,一则广告开始走红,被大众竞相传播和模仿:"你只闻到我的香水,却没看到我的汗水;你有你的规则,我有我的选择;你否定我的现在,我决定我的未来;你嘲笑我一无所有不配去爱,我可怜你总是等待;你可以轻视我们的年轻,我们会证明这是谁的时代;梦想,是注定孤独的旅行;路上少不了质疑和嘲笑,但,那又怎样?哪怕遍体鳞伤,也要活得漂亮!!!我是陈欧,我为自己代言!"

广告的主角当时还不是明星,只是一个电子商务创业青年——聚美优品 CEO 陈欧。此则广告并没有多么华丽的辞藻，也没有过多地强调产品和品牌，而是用朴素的语言道出了当前年轻人所遇到的困难，展现了年轻人的理想与憧憬，引起了很多年轻人的共鸣。

我为自己代言，是一种勇气，更是一种积极向上的生活态度！

有些事，在年轻的时候不懂得，当懂得的时候，已不再年轻；有些事，有机会的时候没想做，而想做的时候，已没有机会。

趁着年轻，让我们为自己代言，撒下人生的种子，为生命的旷野，铺就一片绿茵！

趁着年轻，让我们为自己代言，接受人生的挑战，为生命的天空，开启一抹蔚蓝！

趁着年轻，让我们为自己代言，汇集人生的水滴，为生命的海洋，流淌一片汪洋！

本书讲述了几十位备受大众羡慕的年轻人成功背后鲜为人知的故事。例如，聚美优品 CEO 陈欧，在创业初期面对合作商的质疑、内部员工的争辩、消费者的频频抱怨时，亲自出镜为公司代言拍摄广告，取得了巨大的成功；畅销书作家、新锐导演郭敬明，在高中时期就积极参加作文大赛，获奖无数而他又善于把握大时代里的小题材，抓住机遇，名利双收；网球选手李娜 27 岁开始脱离体制进行"单飞"，身体、技术、后勤保障，一切都要自己摸索，但她却迎来了运动生涯的巅峰，世界排名从十几名跃居前三名；林书豪在爆发成为"林疯狂"之前，只是一名垃圾时间的"跑龙套球员""饮水机管理员"，他曾有过选秀落选，连续被金州勇士和休斯敦火箭队裁掉的经历，但他在受到重用以后，带领纽约尼克斯队豪取七连胜……他们，正是用自己的行动和成功为自己代言！

榜样的力量是无穷的,它就像茫茫大海中的灯塔,指引着迷茫的船只航行。本书里,我整理了我认为可以给当代年轻人带来一定启发的人生榜样的小故事,希望它们能够给大家带来实际的帮助。

然而别人的故事再精彩,都是别人的,我们自己的人生还要脚踏实地地努力。我靠的就是无数次的努力、无数次的失败、无数次的总结、无数次的突破才取得了今天的成就。两次的人生低谷、无数人的冷嘲热讽、鄙视的目光都没有让我自暴自弃,相反,这让我学会了思考,如何实现人生的突围,如何为社会做贡献。终于,在 2014 年,我抓住了区块链发展的历史机遇,勇敢地投身于这一应用领域,在经过无数的日日夜夜之后,推出了世界上第一本关于加密数字资产商业积分定位商业实践的理论书籍《让世界免费》,开创了新的历史纪元。在此,我非常感恩给我指引的好领导、好朋友。同时,这本书献给我的家人和我的孩子——刘恒语和 Marcus,希望他们长大都能成为掌握自己命运并对人类进步有贡献的人。

这是一个"我"的时代,我为自己代言。

刘振友

2016 年 8 月 23 日于美国洛杉矶

目录

第一章　你只闻到我的香水，却没看到我的汗水

1. 奋斗才刚刚开始，成功需要持续的努力 / 002
2. 坐热冷板凳，熬过不为人重视的阶段 / 006
3. 努力突破自己，人生没有盲点 / 010
4. 饭要一口一口吃，路得一步一步走 / 013
5. 成就事业，必须学会忍让 / 017
6. 相信你身上那种"变负为正的力量" / 021

第二章　你有你的规则，我有我的选择

1. 学会给自己定位 / 028
2. 给自己留条退路 / 031
3. 调整思路，找到适合自己的路 / 034
4. 只有懂得放下，才能掌握当下 / 037
5. 暂时的让步是为了更好地选择 / 040
6. 转化思路，就有出路 / 044

你否定我的现在，我决定我的未来

1. 低调做人，高调做事 / 048
2. 辛勤的劳动是人格精进的"道场" / 050
3. 做自己应该做的事情 / 053
4. 越掌握，越理性，就会越从容 / 057
5. 该放手时且放手 / 063
6. 学得越多，走得越快 / 068

你嘲笑我一无所有不配去爱，我可怜你总是等待

1. 做好准备，迎接机遇的到来 / 074
2. 等待只能是两手空空 / 079
3. 抢先一步，先下手为强 / 084
4. 想一千次，不如去做一次 / 088
5. 抓住机遇，果断出击 / 092
6. 你别走到一半，就不走了 / 096

你可以轻视我们的年轻，我们会证明这是谁的时代

1. 我还很年轻，还富有激情 / 102
2. 有自己的想法和主意 / 105
3. 性格决定命运，气度影响格局 / 109

4. 适应变化，与时代同行 / 112

5. 不要总躲在别人的身后 / 116

6. 心有多大，舞台就有多大 / 120

第六章　梦想，是注定孤独的旅行

1. 别忘了你要去哪里 / 124

2. 给自己的梦想留一点空间 / 129

3. 趁一切还来得及，定一个适合自己的目标 / 134

4. 只有相信，才能梦想成真 / 138

5. 让梦想照进现实 / 143

6. 能鼓励你的人只有自己 / 148

第七章　路上少不了质疑和嘲笑，但，那又怎样

1. 常怀感恩的心 / 154

2. 因为年轻，所以没有选择 / 158

3. 没有武器的时候，请自备勇气 / 162

4. 用信心支撑行动 / 166

5. 就算再想哭，也要微笑着说话 / 171

6. 把嘲讽照单全收 / 177

第八章 哪怕遍体鳞伤，也要活得漂亮

1. 不可丧失"再拼一下"的心态 / 182
2. 不求理解，但求心安 / 188
3. 20多岁，学会快意人生 / 193
4. 输得起才能赢得了 / 198
5. 我有我要走的道路 / 203
6. 人生没有不可能，要做就做第一名 / 207

第九章 我是我，我为自己代言

1. 当你想当的人，做你想做的事 / 216
2. 这一刻，要活出精彩 / 221
3. 接受最真实的自己 / 226
4. 不去计较，做好你自己 / 229
5. 重要的是突破自己 / 233
6. 时间到了花自开 / 238

第一章
你只闻到我的香水,却没看到我的汗水

1. 奋斗才刚刚开始，成功需要持续的努力

> 蜗居、裸婚，都让我们撞上了。别担心，奋斗才刚刚开始，"80后"的我们一直在路上。不管压力有多大，也要活出自己的色彩。
>
> ——陈欧

众所周知，没有人会一辈子顺利，而对于年轻人来说，可能会比其他年龄段的人遇到更多的困难，但正是在这一次次的磨难当中，人的平庸和怯懦会随着阅历的增长而渐渐消失，随之而来的便是瑰丽多彩的不凡人生。那么，如果你想让你的人生与众不同，你就要比别人付出更多的努力，就不要怕挫折，而要坚持自己的梦想，勇往直前。

任何事情想取得圆满结局都不能靠守株待兔，而必须用行动来实现。而行动就意味着打破平庸，就得敢冒一定的风险，当然有时候免不了失败，但这种失败同样具有不可磨灭的价值，其价值会在后来的成功之中体现出来。

陈欧，聚美优品CEO及联合创始人，"80后"创业新贵，其一手创办的化妆品B2C网站聚美优品先后获得徐小平天使投资、险峰华兴创投、红杉资本千万投资等风险投资，在短短一年的时间内注册用户超

300万，总营业额突破4亿元，书写了"80后"创业传奇。陈欧亲自出镜为公司拍摄的"我为自己代言"的广告引起"80后"的强烈共鸣，让陈欧成为年轻人的代言人。

陈欧最早的创业资金来自于奖学金和打游戏比赛赚的钱。16岁时，他便去了新加坡南洋理工大学学习计算机，大学期间曾成功创办在线游戏平台Garena。那时候，年轻的他有着天不怕地不怕的闯劲儿，以及想着先做两年，哪怕没做出来，积累了履历，积累了经验，积累了技术，也可以帮自己找个好工作的想法，陈欧一下就扎了下去。创业过程很辛苦，什么资源也没有，什么都不懂，编程要靠自己学，自己摸索，在互联网上找知识。最终，陈欧愣是用一台笔记本电脑在自己的宿舍里创办了在线游戏平台Garena，注册用户数超过2000万。

这个项目做到一半时，陈欧选择了去美国斯坦福大学读MBA。2009年毕业回国后，他开始第二次创业。他原本想复制在美国成功创业的案例，但没想到这个模式在中国市场水土不服。2010年3月，团购兴起，但消费者一般是不敢在网上买化妆品的，即使有很多人买了，大都抱怨真假难辨，问题很多，也很严重。陈欧看到了女性化妆品在电子商务中的机会。尽管在创建团队初期就在产业选择上出现了分歧，也有些内部争辩，但陈欧还是认为机会大于风险。

陈欧在创业初期也遇到过很多困难，如供应链问题，不是每个品牌都愿意与之合作的，因为很多大品牌比较保守，特别是那些国际知名品牌。但现在这些都已经不是问题了，聚美优品已成为很多女性选择化妆品的首选电商。2013年3月1~3日，"陈欧体"广告效应凸显，聚美优品三周年庆销售额达10亿元。2014年5月16日晚，聚美优品在美国纽交所正式挂牌上市。2015年，陈欧以11亿美元获得亚洲十大年轻富豪第六名。

虽然已经取得了不错的成绩，但陈欧的工作时间仍然大部分是从早晨9点到晚上11点。回顾自己的创业史，陈欧表示有很多话想对拥有创业梦想的年轻人说，创业是一件很累、很辛苦的事情，远没有看上去那么轻松和光鲜。

成功需要持续的努力，因为你想要成功就必须要比别人投入更多，且要不断地奋斗。成功看似光鲜，其中有太多的艰难险阻，只有一步一步地做出选择，一步步地克服困难才能坚持下来。

坚持到最后是一种不达目的誓不罢休的精神，是一种对自己所从事事业的执着信念，也是高瞻远瞩的眼光和胸怀。它不是蛮干，更不是赌徒的"孤注一掷"，而是像陈欧那样，是通观全局和预测未来的明智抉择，是一种对人生充满希望的乐观态度。

年轻人想干成任何大事，都需要坚持，因为只有坚持下去才能取得成功。遇到困难，坚持一会儿也许并不难，难的是能够一直坚持下去，直到最后成功。

在耶稣降生300年以前，希腊一位大政治家德摩西尼，给我们竖立了一个关于坚持不懈这一优良品质的很好榜样。

谁能想到德摩西尼这位滔滔不绝的大论辩家当年却是一个口吃者呢？德摩西尼年轻时就倾心于论辩术，但是总因为口吃而在论辩中受到别人的嘲讽。然而，德摩西尼面对失败，坚持不懈，毫不气馁。他想尽各种办法来纠正口吃，比如把鹅卵石放在嘴里不停地说话，每天把自己关在屋子里练习演说等,甚至怕自己抵抗不了外面世界的诱惑,还把自己的头剃成阴阳头,用这种丑像逼迫自己不离开屋子一步。在顽强的训练中,德摩西尼终于战胜了口吃,练就了高超的口才技艺,并得到了社会的承认和敬重。

每一位成功者都有一种为了自己的目标坚持不懈、不达目的誓不罢休的良好心态,这样的例子举不胜数,德摩西尼是这样,陈欧是这样,但凡有所成就的人,都具备这样一种良好的品质。因此,请相信,只要坚持到最后,你就是人生大赢家。

2. 坐热冷板凳，熬过不为人重视的阶段

> 很多夜里我都会想，接下来到底会发生什么事？我两次被裁时都难过到流泪，我真的无法不让眼泪流出来，我想办法让自己从正面去看，不要把去发展联盟当成降级，要看成是一种磨炼自己的机会。
>
> ——林书豪

在我们生活的环境中，很多时候，一个人的幸福和快乐源于别人的评价。作为一个年轻人，没钱没权，不但被人瞧不起，还要去承受很多人的闲言碎语。但是，每一个成功的人，都经历过这样的际遇，就像成龙、周星驰等许多电影明星一样，他们也是从小角色一路走过来的，有的甚至刚开始只是一个跑龙套的。所以，不妨暂时放下自己的身段，熬过这段不为人重视的小人物的岁月，你就是明天耀眼的明星。

在2012年2月4号对阵篮网的比赛之前，林书豪还是一名垃圾时间的"跑龙套球员""饮水机管理员"，但在此后的8场比赛场里，林书豪场均21.6分、8.1助攻、3.8篮板的完美表现，带领此前15连败，且主将安东尼、斯塔德迈尔缺阵的纽约尼克斯队完成了7连胜。这一"现象级"表现，让他一下成为欧美媒体和社交网站上最热门的话题人物。

别忘了，他还只是个在平均年薪四五百万美元的 NBA 里只拿 76 万美元的底薪球员，而在爆发之前，他曾经选秀落选，连续被金州勇士和火箭队裁掉。

林书豪突然爆红并成为炙手可热的球星真的是因一球成名？答案是否定的，那是因为他一直以来的坚持和对梦想的不放弃。

在刚进入哈佛篮球队时，经常被投以异样的目光。2007 年夏天，林书豪参加旧金山的 Pro-Am 夏季联赛，当他走进球馆开始热身时，有工作人员就跑过来提醒他说："这里举行的是篮球比赛不是排球。"而当他在客场打比赛时，有人在看台上大声对他说："滚回中国去吧！"总之，凡是身为亚洲人可能会受到的歧视、嘲笑、冷落，林书豪从未落下过。

从哈佛大学毕业，林书豪未曾想过要进名企、赚大钱，而是加入了职业篮球队，继续着他对于篮球孜孜不倦、锲而不舍的追求。但在 2010 年的选秀大会上，他却未能被任何一支球队选中，作为一名落选新秀，林书豪在试训的时候也被忽视了，林书豪透露，球队根本没有让他进行正式的全场试训，而是选择了让他 1 打 1、2 打 2、3 打 3 或者是 4 打 4。尽管两年多来他一直不被业内人士看好，只能作为二线队员，甚至还数次被降级，两度被开，可他依然不改初衷，忍辱以求，哪怕是睡沙发床、坐冷板凳，也从不轻言放弃。

2012 年 7 月，在纽约尼克斯队的赛季结束后，林书豪接受了来自姚明曾经效力过的休斯敦火箭队 3 年 2510 万美元的合同，成为火箭队新赛季无法动摇的球队核心。

2016 年 7 月，布鲁克林篮网正式和林书豪达成一份 3 年 3600 万美元的协议。至此，林书豪在 NBA 的道路越走越开阔。

人生正如篮球赛场，从一开始只能怀着梦想做一个看客到带领一支球队获取冠军，这个过程必然是艰辛的，你可能会像林书豪一样坐冷板凳、降级、被开，但也正如"当你觉得最艰难的时候，往往是你最接近成功的时候"这句话所讲，熬过这一段被人忽略的时光，也必然是自己破茧成蝶、凤凰涅槃的新生。

有一管理学术语，叫作蘑菇原理。这一说法是20世纪70年代一批年轻的电脑程序员的创意。由于当时许多年轻人不理解他们的工作，持怀疑和轻视的态度，所以年轻的电脑程序员就经常自嘲"像蘑菇一样的生活"。

蘑菇原理其实是许多组织对待初出茅庐者的一种管理方法，初学者被置于阴暗的角落，比如不受重视的部门，或让他们干些打杂跑腿的工作；浇上一头大粪，比如无端的批评与指责，甚至代人受过；任其自生自灭，比如得不到必要的指导和提携。

一个刚进公司的年轻人，无论你是多么优秀的人才，都只能从最简单的事情做起。"蘑菇"的经历，对于成长的年轻人来说，就像蚕茧，是羽化成蝶前的一种磨砺，通过这种磨砺，可以磨去年轻人身上的浮躁、不安以及不切实际的幻想，从而能够更加贴近现实，更加理性地思考问题和解决问题。虽然这种磨砺在磨去他们棱角的同时，也磨去了他们身上特有的激情与朝气，使他们过早地熟悉社会生存的潜规则，变得圆滑、世故，失去了原先的创新与冒险精神，但无论如何，如果身为蘑菇，就必须明确自己的位置，消沉与埋怨除了能使情绪得到一时的宣泄之外，对外界情况不会有任何的改观。只有坚持自己的理想与做人的原则，本着"不抛弃不放弃"的坚定信念，以积极的心态去迎接那些即将到来的"大粪"或是别的东西，才能最终迎来阳光和雨露的滋润！

卡莉·费奥丽娜从斯坦福大学法学院毕业后，第一份工作是在一家地产经纪公司做接线员，她每天的工作就是接电话、打字、复印、整理文件。尽管父母和朋友都表示支持她的选择，但很明显这并不是一个斯坦福毕业生应该做的，但她毫无怨言，并坚持在简单的工作中积极学习。一次偶然的机会，几个经纪人问她是否还愿意干点别的什么，于是她得到了一次撰写文稿的机会，而就是这一次机会，她的人生从此发生了彻底的改变。卡莉·费奥丽娜后来成为惠普公司的CEO。

脚踏实地是出人头地的一个必备条件，所以初入社会的年轻人，完全不必顾虑或者害怕自己会被埋没。在初入社会的时候，应该有从基层干起的打算，即便遭遇挫折和打击，也要相信自己总有一天会破茧而出。而你此时所经历的每一件事对你未来的成长都是不可缺少的积累。工作一段时间以后，还要结合自身情况及对社会的认知，及早做出适合自己的人生规划。一旦目标确定，那么就义无反顾地走下去，你很快就会走出不为人重视的阶段，在社会中锻炼成才。

3. 努力突破自己，人生没有盲点

> 从小就知道"人外有人"，大家都想做天才，但没有那么多的天才，要当第一名并不容易，得非常努力。我不懂那些因困难而中断梦想的人在想什么，我从不知道放弃的感觉是什么！
>
> ——蔡依林

古往今来，凡事业有成者，无一不是对事业努力追求的执着者。

勤奋是通往成功的敲门砖，努力则是事业上最有力的助推器。大千世界，五彩缤纷，能够诱惑人们的东西太多了，所以年轻人总是很容易左顾右盼、见异思迁，但天才和灵感的女神，永远钟爱的是不畏辛劳、甘洒血汗的勤奋者。

蔡依林以其前卫多变的造型、丰富的舞曲及舞蹈而为大家喜爱。其实，在进入歌坛之前，她的舞跳得并不好，手脚极不协调不说，韵律感也不是很强，一支舞跳下来总是洋相百出。可就是这样一只"丑小鸭"，靠个人的不懈努力成长为今天的"白天鹅"。

出生于1980年的蔡依林的努力在歌坛是众所周知的。圈里就有人称她是"拼命三郎""歌坛劳模"，连她身边的工作人员也说她有时候简直就是个疯子，无论公司提出什么样的要求她都能做到。

每次出新专辑，她都要主动学习新的东西。为配合音乐形式，除了练习常规的舞蹈外，她还学习瑜伽、艺术体操、鞍马、钢管舞。在专辑《爱情任务》中，她再次挑战极限，学跳无重力彩带舞。这种舞对表演者的专业要求是很高的，许多人都是从小开始练习，而她刻苦练习，仅仅用了三天，就学得有模有样。为了让MV效果更加绚丽多彩，回到家之后，她并没有休息，而是天天练习倒立，让双手支撑起自己的全身重量，直到精疲力竭才罢休。练习这种舞蹈，需要表演者在空中不停地转来转去，几乎每一次从空中下来后，她都会头晕。有一次，患感冒的她从三米多高的空中做完动作后下来就晕倒了，然而醒来后，她不顾众人的规劝，又开始了新的练习。

她一直坚守这样一句话："努力突破自己，人生没有盲点。"

早些年，在接受《联合晚报》专访时，她曾这样说："从小就知道'人外有人'，大家都想做天才，但没有那么多的天才，要当第一名并不容易，得非常努力。我不懂那些因困难而中断梦想的人在想什么，我从不知道放弃的感觉是什么！"

的确如此，她之后走过的路证明了这一切，她始终是那么勤奋与努力，从不言弃。

从蔡依林的身上我们可以看出，"勤"和"苦"总是紧密相连、如影随形的。凡是天才的机遇和灵感，从来都是以努力为前提的。努力不仅意味着吃苦与实干，还必须持之以恒、百折不挠，只有这样才有可能叩开成功的大门。"业精于勤""勤能补拙"，这其中的道理对任何人都适用。

人生盛衰起伏，变幻难测。如果你有天分，勤奋努力会使你如虎添翼；如果你没有天分，勤奋努力也能给你的人生留下奋斗的痕迹，而这些痕迹见证着你对人生的真诚信仰和对理想的执着追求，让你在年老回忆往事时，不至于悔恨终生。

命运总是掌握在那些勤勤恳恳、努力工作的人手中。推动世界前进的人并不都是天才，而是那些智力平平却非常勤奋、埋头苦干的人；也不是那些天资卓越、才华四射的精英，而是那些不论在哪一个行业都勤勤恳恳、劳作不息的人。

天赋超常而没有毅力和恒心的人只是转瞬即逝的火花，许多智力平平乃至稍稍迟钝的人只要意志坚强且持之以恒都会超越他们。懒惰是一剂毒药，它既毒害人们的肉体也毒害人们的心灵。无论多么美好的东西，只有付出相应的劳动和汗水，才能懂得这美好的东西是多么的来之不易。人们也只有在回忆的路上挥洒追求的汗水与泪水的时候，才能不被空虚打败，才能对着曾经走过的路骄傲地说：此生，我无悔！

4. 饭要一口一口吃，路得一步一步走

> 我们活在浩瀚的宇宙里，漫天漂浮的宇宙尘埃和星河光尘，我们是比这些还要渺小的存在。我们依然在大大的绝望里小小地努力着。这种不想放弃的心情，它们变成无边黑暗的小小星辰，我们都是小小的星辰。
>
> ——郭敬明

成功在于日积月累，正所谓饭要一口一口吃，路得一步一步走。年轻人要把命运掌握在自己的努力中。

郭敬明在一次采访中曾说："机遇、勤奋、智商，这三者共同造就了今天的我。我觉得自己在出版界是很神奇的一个人。"郭敬明夸起自己来毫不含糊。他赶上了中国青春文学开市的好时机，借助《萌芽》杂志举办的"新概念作文大赛"平台，成为春风文艺出版社的签约作者。2004年，他牵头成立"岛"工作室，向春风文艺出版社提供内容。

2006年8月，他结束与春风文艺出版社的合作，转而跟长江文艺出版社合资设立上海柯艾文化传播有限公司，郭敬明掌握控股权，并出任公司董事长。两个月后，双方合作策划的青春杂志《最小说》在柯艾平台上问世。2008—2012年陆续出版《小时代》"三部曲"，被众多读者

视为其最具标志性的代表作。2013年6月27日,由郭敬明自编自导的同名电影《小时代》问世,并因此获得第16届上海国际电影节中国新片"最佳新人导演"奖。2015年,郭敬明执导并参与演出《爵迹》。2016年7月,根据郭敬明小说《幻城》改编的电视剧登陆湖南卫视。

谈到他成功的秘诀,首先就是在大时代做一个"小"字。他深知自己无法驾驭那些沉重的题材,所以就把选材停留在自己擅长的范围内。他摸清了读者的心理状态,揣摩透了他们喜欢什么样的文字,然后怀着"弱水三千,我只取一瓢饮"的心态去做事,大力开拓属于自己的市场。他坦率地对媒体说:"我写不了整个中国,因为我不了解,我只生活在上海,我只能记录这其中的一部分年轻人,有些是普通的大学生,有些是比较穷的年轻人,用这个小团体折射出这个时代。"把握好大时代里的小题材,这便是郭敬明成功的首要秘诀。

要想真正掌握自己的命运,就要学会从小事情做起,像郭敬明那样,只有这样才能做成大事情。通常我们都会有致命的弱点,如浮躁,这种情绪最消耗人的精力。可能是受到榜样的影响,又或者是对自己的期待实在太高,有些人一直比较浮躁,不屑于做小事情,而一心指望着能做大事情。

人的命运掌握在谁手中?答案只有一个,那就是掌握在自己手中。如果一个人习惯性地把命运交给别人掌握,听任别人安排,那么他的大脑就不用思考,而是寄希望于通过别人的思考来得到自己想要得到的东西。实际上,没有一个人的命运是可以由别人来掌握的。

我们必须把命运掌握在自己手中,进入社会以后,才不会被社会的一些不良观念影响。

其实，生活是由一些小得不能再小的事情构成的，那些微不足道的小事也许就像一片片树叶，一点声响都没有，很难引起我们的关注。很多人都习惯于远大的理想和宏伟的目标，却往往忽略了一些不该忽略的细节，结果在很多小事情面前也疲惫不堪。

要养成做事认真的习惯，每天都要把自己想做的事情和应该做的事情都做到位，久而久之就可以成为一个非常成功的人。而如果一个人做事不认真、做事不到位，每天要做的事情都欠缺一点，天长日久就会成为顽症，束缚个人的发展。生活中，每一个成功都是通过不懈的努力才换来的，因此人是需要不断等待的，心浮气躁的人很少能够成功。

人需要有开阔的胸怀和淡泊的心志，不要因为自己做了一点小事，就沾沾自喜；也不要因为自己受到了一点挫折，就自怨自艾。人要善于接受生活中的琐碎，并善于在琐碎中不断成就自己的伟大。人要像大海一样，不择细流，让所有的水都流向自己，这样才能成就博大。同时，要有吃亏就是占便宜的精神，大海之所以博大，正是因为它地势低，愿意吃亏，让所有的水都流向它那里。因此，不要摆出很高的姿态，有些时候吃点亏，反而能够学到更多的东西。

要想迅速成长，最好的选择是从基层做起，熟悉整个运作体系中的每一个环节，日后做管理工作自然能够运用自如。当自己的工作很忙碌的时候，应该好好利用时间；而当自己时间很多的时候，就用来学习。不但要从书本中学，还要在日常生活中学，书本可以增长一个人的知识，而日常生活中的学习可以磨炼人的性格。知识培养思路，思路决定出路，一个人未来的出路可以说是由知识来决定的，但是更为重要的是性格，性格决定命运。一个人的命运就在一次又一次的小亏之中不断地得到磨炼。

现在很多人没有丝毫谦让之心,认为自己很聪明,半点亏也不愿意吃,因此,在很多事情上很难平复自己那颗过分要求的心。

吃亏的时候,首先要想到上帝为你关上了一扇门的时候,一定会为你打开一扇窗。以前有个人总是抱怨上天对他不公,所有的人都欺负他,他忍受了很多不该忍受的东西。但是后来,有一个很好的机会,村子里缺水,其他人都不想去挑水,于是就让他一个人去,每挑一桶水,就给他一点钱。他不得不去,没想到过了几年时间,这个人成了村子里最富有的人。由此来看,肯做小事,未必就是吃亏。

美国有个州发现金矿的时候,很多人都跑去淘金,有一个小伙子去了之后,发现人太多了,于是他想返回家乡,但是已经没有钱回去了,只好给这些人送水,然后从中收取钱来养活自己。最后,很多淘金的人都空手而归,而这个小伙子却赚了很大一笔钱。

其实,越是别人觉得吃亏不愿意做的小事情,越是有无限发展的可能。所以,"吃亏就是占便宜"是一种战略眼光。

不要只把眼光放在吃亏和占便宜上,也不能简单地认为做小事情就是吃亏了,如果在做小事的过程中能够学到东西,能够锻炼性格,那么这种吃亏就是一种福气。如果学不到东西,也锻炼不了性格,那么即使在做大事,何尝又不是一种吃亏呢?

从身边的小事情做起,从生活常态出发,是通往成功的最踏实的捷径。

5. 成就事业，必须学会忍让

> 人要有耐力，厚积薄发。在人之上，要把人当人；在人之下，要把自己当人。
>
> ——李静

孔子曰："小不忍则乱大谋。"想成大业、干大事，就要忍得住那些小欲望的诱惑，经得住一时一事的干扰。说白了，就是"放长线钓大鱼"。对于有理想、有抱负，想为国家、为民族干一番大业的年轻人来说，此言有着鲜明的积极意义。一个人要成就一番事业，确实需要做到"忍一时之不能"。要知道，忍一时风平浪静，退一步海阔天空，一个"忍"字，让多少人得以进退自如。

1999年，已在央视小有名气的李静突然向领导提出了辞职，"当时在央视很不开心，因为我知道在这个环境里，我创造不出什么来"。

本来李静想和许戈辉、陈鲁豫那样去凤凰卫视的，但由于没什么熟人，也就未能去成。随后，李静和北京电影学院的一批同学搞工作室，结果也是没有弄成。就这样，李静突然就从一个小主持人变成了北漂人士。直到2000年，李静才和她的妹妹李媛，还有一个同学，再加上不久后进来的歌手戴军聚到了一块儿，做起了个节目——《超级访问》。

节目初创阶段，李静说她"现在回忆起来，每天都是最惨，没有更惨"。因为经营不顺，李静最多时欠债200多万元。戴军称，当时李静身边所有有点钱的朋友她都去借过了，甚至她的房子也抵押了出去，"那段日子，我看她喝醉过几次，哭过几次，和她妹妹大吵过几次，心绞痛发作过几次。但每次过后，她还是该干嘛就干嘛。这是她过人的地方"。

在交了一年多的"学费"之后，李静决定放弃单纯靠贴片广告过日子的生存方式，她想出的办法是卖节目。凭着节目质量，最终李静成了中国第一个卖节目给电视台的人。这一卖，就是50个台，一期节目能卖10万元，而当时一期节目的成本是3万多元。李静从此开始赚钱了。

2016年2月，李静在《超级访问》中做嘉宾，挥泪告别。而今天的李静已经身兼主持人、制片人、老板多重身份，由她带领的东方风行传媒制作的电视节目发行到全国近200家电视台，收视人群在6亿人次以上，而她创办的"乐蜂网"更是在两年内盈利一亿元。

李静忍住了创业初期的那些困难，最终赚到了钱，更重要的是收获了成功。如今同时主持多档节目并开办公司的这位女强人否认忙事业是为了挣钱，"我不会成为赚钱的奴隶，去工作只是因为爱工作"。

战国时，魏国的范雎因家境贫穷，只能到魏国大夫须贾手下当起了门客。一次，须贾奉命出使齐国，范雎作为随从前往。到了齐国，齐襄王迟迟不接见须贾，却因仰慕范雎的辩才，叫人赏给范雎十斤黄金和美酒，范雎不想惹得须贾不高兴，于是极力推辞了。

但即使如此，也没能阻挡住小心眼的须贾对此产生了极大的嫉妒心。于是回家后，他就故意向魏国宰相魏齐报告说范雎私通齐国。魏齐传来范雎，用竹板责打他，打折了肋骨，打落了牙齿，打得遍体鳞伤，血肉模糊，惨不忍睹。

范雎恐性命难保，便屏息僵卧，直挺挺在血泊中不动，佯装死去。舍人误以为范雎已死，便去报告正在饮酒的魏相。这时，魏相正喝得面红耳热，便命仆人用苇席裹尸，弃于茅厕之中，让家中宾客轮番向席中撒尿，故意凌辱范雎，以警后人。范雎知道小不忍则乱大谋，只得咬牙强挺。

后来，范雎买通看守的卒吏，谎报魏齐说自己早已死去，这才被酒酣中的魏齐下令将范雎的尸体扔到荒郊野外。范雎由此得以脱身，他乘夜爬回家中，让家人将苇席置于野外，以掩人之目；同时派人通知好友郑安平，帮助他藏匿在民间，并嘱家人明日发丧。

面对自己忍受的种种屈辱，逃生的范雎知道自己此时没有复仇的能力，于是他便硬生生地忍了下来，化名张禄在民间隐藏了大半年后才设法逃出魏国，辗转到了秦国，当了秦国的宰相。

就如范雎一样，"忍"字同样是其他众多有志之士的成功秘笈。越王勾践、淮阴侯韩信当年无不曾忍受他人故意的污辱，最终渡过了难关，成就了大业。

成语"负荆请罪"的故事传为千古美谈：蔺相如身为宰相，位高权重，而不与廉颇计较，处处礼让，何以如此？为国家社稷也。"将相和"则全国团结，国无嫌隙，则敌必不敢乘。蔺相如的忍让，正是为了国家安定之"大谋"，忍让成大事。但是历史上因不忍让而"乱大谋"的事也屡见不鲜。

楚汉相争时，项羽在成皋与驻军黄河北岸的刘邦对峙，因被汉军阻拒，楚军一时无法继续向西进攻，但汉军也难以攻下成皋。这时，后方急报：建成侯彭越率部袭击楚军后方梁地，接连攻下17座城池。一旦梁地失守，楚军后方补给就断了。无奈，项羽只好率兵回去救援。

临走时，他留下大将曹咎镇守成皋。离开前他特意嘱咐曹咎说："成皋易守难攻。如果刘邦来进犯，你只需坚守，不可出战。"曹咎点头答应。项羽走后，刘邦就率大军前来攻城。无奈曹咎不肯出城应战，刘邦因此没能得手。

很快，张良向刘邦献计。汉军士兵在河岸边，大骂曹咎是缩头乌龟。什么话难听，汉军士兵就骂什么。接连被骂几天后，曹咎实在忍不住了，想要出城教训刘邦，但被副将司马欣和董翳劝了下来。汉军士兵不罢休，打起了死人出殡时用的白幡，写上曹咎的名字诅咒他。

见此情景，曹咎气得肺都要炸了，他不顾副将的阻拦，带兵杀出了城。只可惜"冲冠将军不知计，一怒失却众貌琳"。早已埋伏停当的汉军，就等曹咎的军队出城入瓮了。霎时地动山摇，杀得曹咎全军大败，成皋失陷，楚国大量物资被夺取。曹咎自知将命丧于此，又愧见项羽，最后自刎而死。

谁不想功成名就，谁不想轰轰烈烈干一番惊天动地的大事业？可是这世界上能干事的人不少，成大业的却不多，这其中方方面面的主客观因素可能会有很多，但一个"忍"字就是一个年轻人必备的态度和品德。

6. 相信你身上那种"变负为正的力量"

> 不是美国人就比中国人优越，我们与他们相比并不差，中国人不比任何人差。
>
> ——孙杨

真正的积极人生，应该有刚柔相济的智慧，既有勇猛斗士的威武，更有沉稳冷静的和平。

用了一辈子来研究人类和人的潜能之后，伟大的心理学家阿佛瑞德·安德尔说，人类最奇妙的特征之一就是"变负为正的力量"。

2012年8月5日凌晨，在伦敦奥运会男子1500米自由泳决赛中，中国选手孙杨以14分31秒02的成绩获得冠军，打破了由他自己保持的原世界纪录，刷新了该项目新的世界纪录。

虽然本场的角逐孙杨自始至终都处于领先的位置，但是在比赛开始之前，枪响的那一刻还是让所有人惊出了一身冷汗。让我们再来回顾当时的一幕：当所有的8位泳将各就各位摆好姿势并且准备就绪的时候，岂料处于第4泳道的孙杨突然飞身跃入了池中，而其他的7名选手没有任何反应，电光石火的那一刻，所有人脑海中的第一反应是不是孙杨抢跳了？他会被取消参赛资格吗？

现场出现了令人可怕的静默，所有人都在等待裁判员的决定，包括还在水中的孙杨，只见他愤怒地捶击了一下水面，然后摊开双手，做出了一副很茫然不解的表情，随后缓缓地重新游回到了岸边。

提前跳下水的时候，孙杨自己也吓了一跳，他不敢想象自己没有夺冠，更不能想象自己失去参加比赛的资格。最后经过确认，原来是现场的发令枪出现了问题，孙杨没有被取消比赛的资格，可谓是虚惊一场。最终，孙杨顶住了压力，不仅夺冠，更创造了新的世界纪录。孙杨哭了！他在抵达终点后，他奋力击打水面，然后控制不住地流泪了，甚至在接受采访时，他仍难以控制激动的情绪！

孙杨为这枚金牌付出了太多，在他的心里，1500米显然要比400米自由泳更有把握。为了获得好成绩，孙杨几次和教练朱志根去澳大利亚训练，在那边的生活条件没有国内好，但孙杨坚持住了。除了朱志根，澳大利亚教练丹尼斯是另一个知道孙杨吃了多少苦的人，所以在获得冠军后，他也冲向了正在一旁的担任澳大利亚队教练的丹尼斯，来了一个大大的拥抱。

"大清早，那么冷的水，他就要跳下去。有时候受伤，打了封闭还要游。"谈到孙杨的付出，孙杨的妈妈明显很心疼。在很多时候，孙杨4点半就要起来去训练，而这个时候大多数人正在睡觉。感冒生病了，不能吃药，因怕尿检出问题，只能靠喝水来恢复。这一切一切的付出，是很多人都看不到的。

"要想当冠军，就要付出，孙杨他们真的放弃了很多同龄人能够享受的乐趣，才有了今天的收获。得冠军容易，守冠军难，如果他想继续当冠军，现在要付出比以前更多的努力。"省体育局副局长吕林说。

正因为想起了自己的付出，孙杨才会为自己的不容易流泪。孙杨还用自己的成绩回击了外界对中国游泳的质疑："不是美国人就比中国人优越，我们与他们相比并不差，中国人不比任何人差。"——这是扬眉吐气后的流泪。

常见许多人在处于生命低谷时，只会一味地抱怨、苦恼，甚至长期沉溺其中不能自拔，终日被泪水和无奈的情绪包围着。其实，仔细想来，抱怨、折磨自己又有何用？只能徒增自己的痛苦，让自己坠落得更深、更惨罢了！

当你快乐时，你不妨尽情地享受快乐，珍惜你所拥有的一切。而当生活的痛苦和不幸降临到你身上时，你也不要怨叹、悲泣。

人生如海，潮起潮落，既有春风得意、高潮迭起的快乐，也有万念俱灰、惆怅寞然的凄苦。

如果把人生的旅途描绘成图，那一定是高低起伏的曲线，它可比呆板的直线丰富多了。

我们应该超脱一些！为什么不换个角度想想问题，同命运抗争呢？要明白，生活是美好而沉重的。人生，更是丰富多彩而又艰难曲折的。苦乐忧欢、钟情失意、坦途坎坷、成败荣辱、花前月下、落日西风；盘根错节、繁杂纷呈、五光十色、千姿百态……对谁都一样，生活绝不像傍晚听音乐那样舒畅陶然，轻松偷快；也不像夏日喝啤酒那样爽口怡人、惬意开怀。马克·吐温说得好："谁没有蘸着眼泪吃过面包，谁就不懂得什么叫生活！"

世界不给贝多芬欢乐，但他却咬紧牙关扼住命运的咽喉，用痛苦去铸造欢乐来奉献给世界。和贝多芬一样，人类历史上许多伟人都是在生命低谷中成就惊天动地的事业的。司马迁，将苦难的心锁进历史，为人类穿缀成了《史记》这串美丽而珍贵的项链。曹雪芹，将苦难的人生倾注在生活的大观园，为后人留下《红楼梦》这道绚丽的彩虹。

当生活中的低潮涌向我们生命之岸时，我们应该庆幸，庆幸自己终于有时间思考了，终于有时间好好审视自己走过的路了。仔细想想，自己的生命之路哪一步走歪了，哪一步走慢了，哪一步一落千丈走得不稳了。然后，积蓄力量，伺机待发，生命的下一个辉煌定会属于你！

人生之路充满选择和转折，当你处在人生的低谷时，可能就预示着转折的来临。人生的不幸向人们昭示的不纯粹是灾难，它或许告诉你原来的那种活法不适合你，或许告诉你原来的要求、目的和现实有偏差，它用不幸来提示你，让你暂时心灰意冷，给你一个静心思考的机会。这个时候，你如果能抓住冥冥之中命运之神给你的这个暗示，你前面的路就会豁然开朗。

在这个世界上，有许多事情是我们难以预料的。我们不能控制命运，却可以掌握自己；我们无法预知未来，却可以把握现在；我们不知道自己的生命到底有多长，我们却可以安排当下的生活；我们左右不了变化无常的天气，却可以调整自己的心情。只要努力着，就有希望，只要给自己一点希望，我们的人生就可以走出低谷，就一定不会失色。

有时想来，人生就好比钢琴，你不能只触黑键不触白键。所以，真正精彩的人生，就好比经典的围棋棋局，黑白交错，互相渗透。在几十年说长不长、说短不短的人生中，我们尝过痛苦也享受过快乐；我们有过成长，也遭遇风雨；我们步入低谷，也会拥抱阳光……只要我们满怀灿烂的信念，抱着"如果有个柠檬，就做柠檬水"的人生态度，就一定能从"山穷水尽疑无路"的人生低谷中走出，去迎接"柳暗花明又一村"的辉煌。

当我们处于生命低谷的时候，更应当对生命充满信心，应当坚信"天将降大任于斯人也，必先苦其心志，劳其筋骨，饿其体肤，空乏其身，行拂乱其所为，所以动心忍性，曾益其所不能"！才能最终走出低谷、步入辉煌。

第二章
你有你的规则,我有我的选择

1. 学会给自己定位

> 每个人在自己的岗位上，把尽职尽责当成一个底线，这个社会没有不变好的理由。
>
> ——邱启明

选择正确的道路，永远比跑得快更重要。

选择就是给自己定位；选择就是给自己寻找前进的方向；选择就是把握自己的命运；选择就是为自己的生命重新注入激情；因此，选择就是人的第一推动力。只有选择，人生才有主题；只有选择，人生的坎坷才会被踏平；只有选择，人生才能冲破世俗的藩篱；只有选择，人生才能演奏出生命的华彩乐章。每一个成功的人生，都重在选择。

2012年6月，邱启明离开央视后加盟湖南卫视，主持《我们约会吧》；2013年5月，入职亚洲联合卫视，担任副台长，并出任亚洲联合卫视新闻主播；2014年11月，加盟搜狐新闻客户端；2015年1月，主持贵州卫视《最强大夫》。离开央视后的邱启明，诚如他自己所言，更加自由了。

而此前，他已频频发出独特的声音。

"平主任你告诉我，决口有多大？下游的群众有没有转移？平主任，我是非常想了解下游的群众有没有转移。"2010年6月21日，《24小时》

节目报道江西抚河决堤险情，邱启明连线江西防总办公室副主任平其俊，平其俊非但不提群众安危，反而开始列举领导的指示。情急之下，邱启明两次打断平其俊，赢得网友称赞。

"如果没有人的安全，这样的速度我们要不要？当前中国的发展速度就和高铁一样令全世界羡慕，然而，我们在满足速度的同时，可能会抛弃更多，忽略更多。"2011年7月26日，针对"7·23甬温线特别重大铁路交通事故"，邱启明在一连串诘问后，被网友评价为"最具性情的央视新闻主播"。

这段让邱启明感觉最酣畅的评论，出自《24小时》前制片人王青雷之手。"我挑主持人，要的肯定不是字正腔圆，而是有对新闻的理解力，有能力、有胆识表达自己的观点。"王青雷说。

那段时期，邱启明对王青雷的要求是："你每天必须给我一条评论。"那时候，邱启明心里很平顺，"为了那个平台，我认为我做了应该做的选择"——把八股式的导语变成自己的语言，聊天式的导语，还有评论随时加，让观众觉得更亲近。

人，一生中会有很多的追求。从小到大，吃的，喝的，穿的，听的，看的，说的，好多好多，以满足人的七情六欲。佛的诫语对现在的都市人来说是很宝贵的，也是最无力的，因为现在的都市人只在乎用现实生活中各种物质的东西来刺激自身的各个器官，而太少去感悟前人所悟出的道理，而这些在我看来又是非常宝贵的。有次我问朋友，人活着怎么这么累，他说是因为欲望太多了。是的，欲望太多了，可是现在的都市生活中若没有欲望却又会走向另一种堕落。当然，这其中的关键还是在于人生所遇到的每个选择。有些选择,对于我们来说一生只有一次,而有些选择是无穷尽的。小时候,我们在父母的管教下,选择范围非常有限,所以当长者偶尔把选择权交给我们时,那种激情和兴奋的心情,现在回想起来,还能深深陶醉于其中。随着我们离开父母去上学,选择权越来越大,懂得事也越来越多,我们也在选择中学会了长大。

当然每一个家庭的背景不一样,父母观念也各不相同,受教育程度有高有低,决定了每个人所选择的权利、范围、环境、背景也是各不同的。

态度很重要,相信很多人都能理解,因为态度决定着人生成长的质量。有很多好朋友在选择彼此时态度是非常真诚和认真的,所以他们最终在一起后,会让很多人羡慕。所以,大家在选择生活伴侣时,想要有一个美好的开局和完美的未来,首先要端正选择的态度。

2. 给自己留条退路

> 大丈夫与其怨天尤人，不如尊重现实，迂回前进。
>
> ——李连杰

年轻人要学会给自己留一条退路，破釜沉舟、背水一战并非适合所有人。

李连杰初到好莱坞时，几乎没有人看好他，好不容易有一家电影公司愿意请他出演，但片酬很低，只有100万美元，而且是演一个反派角色。李连杰当时犹豫不决，说自己要经过慎重考虑之后，才能答复。但是，等他答应出演时，对方却改口了，片酬降为75万美元。

钱当然不是最要紧的，只是在20世纪90年代的东南亚电影市场，"李连杰"三个字早已是金字招牌，从"功夫皇帝""沦落"到现在的境地，李连杰感到难以接受。但他考虑再三，还是决定出演，可是，没想到对方却又"落井下石"："50万美元，不演拉倒。"50万美元，还包括律师、经纪人、宣传公司等各项费用，再扣完税，所剩无几。李连杰答应得很痛快："我演。"

就这样，李连杰拍了他的第一部好莱坞影片《致命武器4》，虽然片中巨星云集，但在影片首映当晚，李连杰就获得7.5分，成为演员排行榜中的亚军。

第二天，电影公司的老板就亲自上门，毕恭毕敬地说："下一部片子请您演主角，如何？"当实力证明一切的时候，才能轮到李连杰说话，他的第四部好莱坞影片片酬就开到了1700万美元。

李连杰以退为进，成功地敲开了好莱坞的大门。他谈起往事，感触颇多，念了一首哲理诗："手把青秧插满田，低头便见水中天；六根清净方为道，退步原来是向前。"

因此，一定要给自己留一条后路。在年轻的时候就要养成一个好的习惯，说话不要太满，太满的话容易被别人抓住口实；行动不要过激，过激的行动容易招来最彻底的抵制。固然需要对上级忠心，但这种忠心只局限于做事，而不要上升到做人的境界。因为一上升到做人的境界，人们往往就会表现得有点愚忠：凡是上级说的，都是对的；即使错了，也是自己的错。这种态度用于做人是绝对不可取的。

同时，给自己留一条后路还有一个充分的理由：就是你永远都不知道你会成就多大的事业。范蠡在帮助越王勾践复仇复国后，功成身退去经商，成为十分富有的人，被誉为"商圣"，千古流传。倘若他当年身退之后，只是退隐山林，那么他帮助越王勾践的战功可能也不会广泛流传。正是因为他身退后还在继续做事，结果他又有了事业的第二个春天，而且更加凸显了当初的战功。而与之同时期的文种却似乎什么名气都没有了。

现在所做的事情并不是生命的全部，一个人的生命中还应该有很多更有意义的东西。如果一件事情成了生命的全部，那么这样的生命是可悲的。给自己留一条退路，留一些心情去体验生活，是再好不过的选择。

待人好心可以，但一定要尊重别人的自由。对于很多人来说，自由始终是最可贵的，以越国的范蠡为例，他之所以不辞而别，原因就是他不想在盛名之下失去自由。当他决定离开的时候，定然已经想到越王勾践会继续称霸，而他的利用价值已经到了尽头，如果他继续留下，就会失去自由。

自由有三层含义，最基本的一层含义是生命的保障。范蠡如果不功成身退，他的生命就很难得到保障，而会控制在别人的手中，况且他树大招风，很容易让别人抓住把柄，甚至被设计陷害，所以他必须退出，以保证自己可以活下去。

第二层含义是发展的机会。在越国，范蠡被拜为上将军，已经位极人臣，已没有升迁的可能了，也就是说他已经没有职位上的发展空间了。在这种情况下，他选择离开，未尝不是一件好事，这样他才有可能在另外的天地中寻找到属于自己的发展空间。果然，他因为经商而巨富，最后被后世誉为"商圣"。

第三层含义是自我实现。有的人想成为名家，有的人想成为富商巨贾，这些都是人希望自我实现的目标。范蠡从楚国逃到越国，无非是想寻找一个晋升的空间，最后他找到了，而且也实现了位极人臣的梦想。但在这个时候，他已经失去了自我实现的自由，选择离开正好可以让他在另一个领域中寻求新的自我实现。

切记，自由是最根本的，比什么都重要，不要因为一时的利益而放弃自由，这样做不值得。

3. 调整思路，找到适合自己的路

> 世界前5，为什么不呢？
>
> ——李娜

成功是每个年轻人都想得到的。然而大多数年轻人似乎并不具备成功的先决条件，比如无才（财）、无貌，也没有好的家庭背景和资源，等等。如此平凡的自己，如何才能实现自己的人生价值，让自己活得更充实，更有意义呢？答案就是：寻找一条适合自己的发展道路。

在一次访谈节目中，李娜讲述了她职业生涯中的点滴。李娜的职业生涯始于北京，从17岁开始到19岁拿下大运会三冠，令人为之振奋。然而这一众望所归的新星，却在2002年年底的釜山亚运会前，突然宣布退役，选择与爱人姜山一同回家乡湖北，在华中科技大学新闻系读书。后经中国网协掌门人孙晋芳女士的多次劝说，甚至"三顾茅庐"后，李娜认真思考，于2004年年初，从大学重返国家队，又回到了赛场。

2008年奥运会之后，中国女网出现了一个重大的历史性变革，即从2009年1月开始，对四名高水平运动员——李娜、郑洁、晏紫和彭帅采取"单飞"政策。按照中国网协与4朵金花的协议，她们享受教练自主、奖金自主、参赛自主的充分自由，唯一的条件是需交纳收入的8%~12%

并无条件参加国家队的各项赛事。从此，李娜成为名正言顺走上职业化道路的先行者。但这一切的背后，意味着身体、技术、后勤保障等，都需要自己进行摸索。

而与之相回报的，是一系列的荣誉。李娜职业化之后那一年闯入美国网球公开赛的八强。2010年李娜世界排名第十。2011年在夺得澳网亚军和法网冠军后，李娜的排名升至世界第四；并成为亚洲第一个获得大满贯单打冠军的网球选手。2013年，李娜成为《时代》杂志4月29日版的封面人物，并入选该年度全球100位最有影响力人物名单。在2013年WTA年终总决赛中，李娜获得亚军，世界排名首次跻身前三。李娜在适合自己的道路上越走越远，越飞越高。

每个人都有最适合自己的事业，找到了就会使自己成为人才，做不适合自己的事就会使自己成为庸才。有道是，"没有最好的，只有最合适的"，就像千里马只有遇见伯乐，才是千里马。人才也是一样，只要遇上识人的老板，即使身处荒野，也能顿生神采甚至价值连城。

任何人在寻找适合自己的道路时，其目的不外乎是追求成功。路的本身并无好坏之分，关键就在于是否适合自己。

"最适原则胜于最优原则"，以此来定位自己的发展之路，才能获得成功。

那么，如何调整自己的思路，找到适合自己的路，进而取得成功呢？那就是创造优势、积累优势、发挥优势和利用优势。首先，创造优势。所谓创造优势，就是学会定位，弄清楚自己所具有的整体资源优势，同时了解并正视自己的不足和劣势，在这个基础上，准确定位自己的人生目标。这直接关系到成败，还会影响成功的速度。其次，积累优势。认清了自己的优势后，就要不断地积累和扩大这种优势。如何积累呢？可以向优秀者学习，或是与成功者结交、合作，这些都可以让你积累优势。再者，发挥优势。当你的优势有了一定积累时，通常会表现得比较明显。这时，很多人就会主动来结识你，而你也可以为他们提供机会或帮助。因此，在这个阶段，你要做的就是，善于发挥自身的优势与人合作，并迅速扩大你的影响。最后，利用优势。通过你的努力和探索，你的事业已经有起色了。这时，你只需要做好常规性的管理和维护，不断地吸引更多的资源来增加自己的优势，提升自己的核心竞争力。到了这一阶段，你已完全可以依靠自己的智慧和既有的资源，轻松实现自己的目标。

　　人生有时候就是这样充满戏剧性，找对了适合自己的路可能一夜成功，而选错了路，则可能终生不得志。所以，做人做事，一定要适时调整思路，找到那条最适合自己的成功之路。

4. 只有懂得放下，才能掌握当下

> 先去积累，一定有释放的机会。
>
> ——李静

歌德说："一个人不能永远做一个英雄或胜者，但一个人能够永远做一个人。"这里，"做一个英雄或胜者"，指的便是"拿得起"时的状态，而"做一个人"，便是"放得下"时的状态。一个人若是能活出这种状态，便可谓是一个潇洒的人，是一个"糊涂"的智者。

不要感叹自己缺少什么，能够放下自己手里所拥有的东西的人，才是一个真正有智慧的人。

以前，大家提到李静，第一反应是"主持人"。由她亲手打造的东方风行传媒每年制作超过680个小时的电视节目，《超级访问》《美丽俏佳人》《非常静距离》《我爱每一天》《今夜女人帮》等节目覆盖200余家电视类媒体。

现在，再在网上搜索"李静"，相应的称谓大都变为"女企业家"，而且是"成功女企业家"。这意味着她2008年"跨界"成立的"乐蜂网"美容购物网站及自创"静佳"护肤品牌仅用短短几年就获得了成功。

我周围人说:"李静只跟好人在一起。"我觉得这不对,应该是"只跟善良的人在一起"。评价一个人不只是评价他事业多成功,有多少钱,还有很多人性的考量。如果一个人工作很强但虐待小动物,我也不会跟他共事。

我觉得现在很多人都很矛盾,矛盾是因为欲望太多。同样一件事,如果都是干两年后会失败,大多数人会说我干两年没挣钱,亏了。而我会觉得我除了损失时间和辛苦外,还收获了很多体验,我赚了。其实人生就是一个完整的体验,当你走的那天,多少房子、钱你都带不走。但我们很多人都只看经济,忘了这点,不断地要、要、要,要得越多越迷茫。如果你把开始和结果都想通了,过程就会很精彩。

非洲土著人用一种奇特的狩猎方法捕捉狒狒:在一个固定的小木盒里,装上狒狒爱吃的坚果,盒子上面开一个小口,刚好够狒狒的前爪伸进去,狒狒一旦抓住坚果,爪子就抽不出来了。因为,狒狒有一种习性,不肯放下已经到手的东西,所以,人们常常用这种方法捉到狒狒。

人们总会嘲笑狒狒的愚蠢:为什么不松开爪子放下坚果逃命?审视一下我们自己,也许就会发现,我们也会犯这样的错误。

因为放不下到手的职务、待遇,有些人整天东奔西跑,荒废了正当的工作;因为放弃不下诱人的钱财,有些人费尽心思,结果常常是作茧自缚;因为放不下对权力的占有欲,有些人热衷于溜须拍马、行贿受贿,不惜丢掉人格和尊严,而一旦事情败露,则后悔莫及。

有一本名为《与神为友》的书中写道:"我不会'抓紧'任何我拥有的东西!我学到的是,当我抓紧什么东西时,我就会失去它——如果我'抓紧'爱,我也许就完全没有爱;如果我'抓紧'金钱,它便毫无价值,想要体验拥有任何东西的唯一方法,就是将它'放掉'!"

其实,每天发生在我们周遭的很多悲剧,往往就是因为无法放下自己手中已经拥有的"东西"而酿成的:有些人不能放下金钱,有些人不能放下爱情,有些人不能放下名利,有些人则是不能放下不应该执着的执着。

然而,如果你能够领悟"放下"的曲线道理,你将会有一种如释重负的感觉。因为只有懂得放下,才能掌握当下。更何况,人生在世,如果不能把一些不是很必要的东西放下,你的"人生行囊"将很快就没有空间去搁置你真正需要的东西。

拿得起是一种勇气,放得下是一种度量。对于人生道路上的鲜花与掌声,有处世经验的人大都能等闲视之,屡经风雨的人更有自知之明。但对于坎坷与泥泞,能以平常心视之,就非易事。在大的挫折与大的灾难面前,能不为之所动,并坦然承受,这就是一种度量。佛家以大肚能容天下之事为乐事,这便是一种极高的境界。既来之,则安之,这是一种超脱,但这种超脱又需要多年磨炼才能养成。拿得起,实为可贵;放得下,才是做人的真谛。

有些自以为聪明的人常常会暗自庆幸自己拿了多少。事实上,他们才是最糊涂的。拿得越多,说明放不下的也越多。那么,背负的也就越多,活得也就越累。

5. 暂时的让步是为了更好地选择

> 你可以不成功，但你不能不成长。也许有人会阻碍你成功，但没人会阻挡你成长。暂时的让步是为了更好地成长。
>
> ——杨澜

暂时的让步不是吃亏，而是为了更好地选择，为下一个目标做准备，这就是做人的道理，赢在结果，不强调过程，对于年轻人来说，更是如此。

厦门大学新闻传播学院成立时，邀请了原央视著名主持人杨澜给厦大学子开了一场精彩的讲座。当有人问她选择在事业的顶峰毅然去外国读书是不是一种心计时，杨澜讲了她所经历的一件事。

有一年春节晚会，共有六名主持人，多遍彩排之后，有一位主持的大姐，导演组突然决定不用了，但又没人去通知她。第二天，当那位大姐兴冲冲地拿着礼服来到化妆间时，化妆师告诉她名单上没有她的名字，结果那位大姐黯然神伤地走了。当时杨澜就坐在一旁，这件事对她的触动很大。她通过这个主持大姐所遭遇的"命运"似乎看到了自己的未来。

从那以后，那位主持大姐黯然神伤地离开春晚会场的那一幕深深地印在了杨澜的脑海里。她同情那位大姐，对台里那位导演不近人情的做法深感遗憾，因为她认为如果你觉得这位主持大姐不适合做主持，你可以通知她并做好她的安慰工作，就不会出现这样尴尬的局面。毕竟这位主持大姐为台里作出了很大的贡献，也曾主持过很多重要的节目，然而如此深深的伤害还是降临到了她的身上。杨澜怎么也想不通，她开始感到了世事无常，开始感到了来自生活的恐惧。

她经历了好几个不眠之夜。她想，现在我正红时，人人都争着要我上栏目；如果有一天自己也才枯气竭，不是也会任人挑来挑去，难逃这样的命运吗？于是杨澜开始为自己积极地准备着一条退路，以免遭受那位大姐那样的伤害。

选择放弃也不是一件容易的事，特别是她正处在事业蒸蒸日上的时候。杨澜在这之前工作是很顺利的，1990年从北京外国语学院毕业后她就直接进了中央电视台，担任《正大综艺》节目主持人，并从1990年一直做到1994年。在这个节目中，杨澜那种睿智清新的主持风格给观众留下了深刻的印象。她于1994年获中国第一届主持人"金话筒奖"。对于一个刚刚参加工作的主持人来说，在这么短的时间内就取得如此骄人的成绩，实在是难能可贵，同行都向她投来了羡慕的眼光。然而在这个时候选择离开就算自己能说服自己，可是父母会同意吗，朋友会理解吗？这一系列的问题让她内心一度十分矛盾和痛苦。经过一段时间的深思熟虑，杨澜终于下定决心要急流勇退。因为她深深明白：人要更好地生存就得牢牢地站稳脚跟，不能沉迷在鲜花和掌声中，要不断地去寻找新的成长方向。于是她毅然地在自己最红的时候选择了离开央视去美国哥伦比亚大学国际及公共事务学院攻读国际事务硕士学位。

三年留学回来后，杨澜加盟凤凰卫视中文台，开创名人访谈类节目

《杨澜工作室》，并担任制片人和主持人。2000年，她创办了以历史文化为主题的"阳光卫视"卫星频道，出任阳光媒体投资控股有限公司主席。2001年，杨澜应邀出任北京申办2008年奥运会的形象大使；同年7月，在莫斯科国际奥委会会议上代表北京作申奥的文化主题陈述，她的精彩表现赢得了与会专家的高度评价，为我国赢得2008年的奥运主办权立下了汗马功劳。

从杨澜的成功之路来看，她选择在当红的时候离开央视是明智的，也正是因为她勇敢地选择了放弃，她才有时间去苦练内功，才有了后来更大的发展空间，才取得了现在骄人的成绩。其实放弃并不是简单地扔掉，而是为下一次出发积蓄更大的能量，为新的目标找准方向。

公元616年，李渊被诏封为太原留守，北边的突厥用数万兵马多次冲击太原城池。李渊遣部将王康达率千余人出战，几乎全军覆灭。后来巧使疑兵之计，才勉强吓跑了突厥兵。更可恶的是，在突厥的支持和庇护下，郭子和等纷纷起兵闹事，李渊防不胜防，随时都有被隋炀帝借口以失职之罪而杀头的危险。

在当时的人们看来，李渊当时是内外交困，必然会奋起反击，与突厥决一死战。不料李渊竟派遣谋士刘文静为特使，向突厥屈节称臣，并愿把金银珠宝统统送给始毕可汗！

李渊为什么这么做呢？原来李渊根据天下大势，已决定起兵反隋。然要起兵成大气候，太原虽是一个军事重镇，但却不是理想的发家基地，必须西入关中，方能号令天下。又要西入关中，又不能丢掉根据地太原，那么用什么办法才能保住太原、顺利西进呢？

第二章 你有你的规则，我有我的选择

当时李渊手下兵将不过三四万人马，即使全部屯驻太原，应付突厥的随时出没，同时又要追剿有突厥撑腰的四周盗寇，已是捉襟见肘。而现在要进伐关中，显然不能留下重兵把守。唯一的办法是采取和亲政策，让突厥"坐受宝货"。为此，李渊才不惜俯首称臣。

李渊的退步策略获得了大丰收，始毕可汗果然与李渊修好。后来，李渊派李世民出马，不费多大力气便收复了太原。

而且，由于李渊甘于让步，还得到了突厥的不少资助。始毕可汗一路上送给李渊不少马匹及士兵，李渊又乘机购来许多马匹，这不仅为李渊拥有一支战斗力极强的骑兵奠定了基础，而且因为汉人素惧突厥兵英勇善战，李渊军中有突厥骑兵，自然凭空增加了声势。

李渊让步的行为，虽然有很大牺牲，不管是在名誉上还是物质上，但在当时的情况下，不失为一种明智的策略，他顺利地西行并打进了关中。如果再把眼光放远一点看，突厥在后来又不得不向唐求和称臣，突厥可汗还在李渊的使唤下顺从地翩翩起舞哩！这当初的让步可谓是九牛一毛了。

由此看来，明谋善略者暂时的让步，往往是赢取对手资助，不断走向强盛，伸展势力再反过来使对手屈服的一条有用的妙计。

6. 转化思路，就有出路

> 其实我并不是一个特别强的人，我的成功来自于我的软坚持，当一条路走不通时，我就再换一条路。
>
> ——黄渤

现在的年轻人应该学会，当自己步入困境的时候，不要钻牛角尖，而要开动大脑转换思路，只有这样，才能最终成功。

2006年，演员黄渤因出演宁浩导演执导的电影《疯狂的石头》而一举成名。2009年11月28日，中国台湾金马奖揭晓，黄渤凭借在《斗牛》中的精彩表现，获得金马影帝的殊荣，这是继刘烨之后，中国大陆第二个金马影帝。从2012年年底到2013年，由黄渤出演的多部电影连续上映，票房总数达到30亿元，被网友、媒体封为"卅帝"。2016年5月17日，黄渤获得第33届大众电影百花奖最佳男主角提名，2016年5月21日，获得华鼎奖中国百强电视剧最佳男主角奖和全国观众最喜爱的影视明星奖。

但黄渤最初的梦想不是当影帝！他少年时代迷恋唱歌，多次参加歌手大赛，唱郭富城、张学友的歌几乎可以以假乱真，之后成为国内最早一批在歌厅驻唱的歌手；他爱跳舞，甚至做过7年舞蹈教练；他爱游泳，参加过长江漂流队；他爱配音，曾献声《海底总动员》《绿巨人》等译制大片……然十几年的孜孜以求，并没有获得原本期待的成功，却意外在影视表演上终有所成。

从歌厅到金马影帝，这中间是一个难以逾越的鸿沟，然而黄渤却说："其实我并不是一个特别强的人，我的成功来自于我的软坚持，当一条路走不通时，我就再换一条路。"

人生不是只有一条路，转化思路就有可能找到新的出路。

有一位姓萧的商人，他最早是继承父业做珠宝生意的，可是他缺乏父亲对珠宝行业的精微敏感。没几年，他就把父亲交给他的全城最大的珠宝店赔光了。

他以为自己不是缺乏经商的才干，而是珠宝行业投资大，技术性太强，风险太大。于是，他又决定改行做服装生意。他认为服装行业周期短，而且不需要太大的专业学问，肯定能成功。主意拿定了之后，他变卖了仅有的一些家产，开了一家服装店。过了三年，他的服装店已经再也没有资金进新款衣服，已有的衣服也因价格高于相邻商家而无人问津，他又一次失败了，他意识到他不适合于更新太快的服装市场，当他为一种新款刚开始流行马上组织货源时，同行们已经开始淘汰这种款式了，他总是跟随着流行的尾巴。

接着，他又变卖了服装店，用剩余不多的资金开了一家饭店，他想，这种简单的生意总不会再赔了吧。雇几个人做菜，客人吃饭拿钱，又不用多么大的流动资金。可是，这一次他又错了，他眼睁睁地看着相邻的饭店里宾客盈门，生意兴隆，而自己的饭店却门可罗雀，冷落异常。最后，连雇来的几个人也跑到别的饭店去了,只剩下他孤零零的一个人。

后来,他又尝试做化妆品生意、钟表生意、印染生意,无一例外地都以失败而告终。这个时候,他已经52岁,从父亲交给他珠宝店至此,二十年的宝贵年华被失败占满。每想到此他就有绝望的感觉。

他算了算自己的家底,所有的余钱仅够买一块离城很远的墓地。他彻底绝望了。既然自己没有能力创造财富,那就买块墓地给自己留着,等到哪一天一命呜呼,也算有个归宿。这是一块极其荒僻的土地,离城大约有5公里,有钱的人,甚至一些穷人也不买这样的墓地。

可是,命运就在这里转折了,就在他办完这块墓地产权手续的第十五天,这座城市公布一项建设环城高速路的规划,他的墓地恰恰处在环城路内侧,紧靠一个十字路口。道路两旁的土地一夜之间身价倍增,他的这块墓地更是涨了好多倍。他做梦也没想到,他靠这块墓地发财了!

要知道,这是"经商"二十多年来第一次"狠"赚了一笔钱。

他突然顿悟,为何不做房地产生意呢?说做就做。他很快将这块墓地以相当高的价格出售,又购买了一些他认为有升值潜力的土地。仅仅过了五年,他成了全城最大的房地产业主。

你不妨改变一下方向,另辟蹊径,也能到达目的地。这就是成功人的"手腕"。

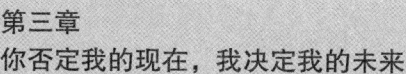

第三章
你否定我的现在,我决定我的未来

1. 低调做人，高调做事

> 我最怕自己成为所谓的名人，这是很拧巴的事情。
>
> ——何炅

历史上，大凡身怀绝技的名人能人或英雄豪杰，往往都是一些深藏不露者，原因何在呢？其实很简单，因为他们深谙"山外有山，天外有天，能人背后有能人"的道理。他们知道要想更轻松地赢得胜利，要想笑到最后，就必须学会隐藏自己的才能，做到大智藏于愚、大巧掩于拙，不让自己成为他人嫉妒攻击的对象，不为自己招惹无妄之祸。

真正聪明的人，永远不会自以为是，永远会将谦虚好学作为自己为人处世的最高准则。对于他们来说，张扬是做人的最大禁忌，低调则是为人必须坚守的原则。一时的无知或技不如人并不是什么羞惭之事，能够得到一个学习的机会、向别人求教的机会，丰富和完善自我才是他们的最终目的。即使他们真的才智超群，他们也不会四处去出风头，不去刻意地炫耀或者展示自己，而是克制和忍耐住自己争强好胜的心理。相反，那些骄傲自大的人却常常因此招致祸端。

在娱乐圈，何炅绝对算得上是一位游刃有余的艺人。他做主持，也跨行唱歌，在陌生的话剧舞台，作为非科班演员亮相《暗恋桃花源》，居然也博得业内好评。

他娱乐着别人，却没有被日益八卦的媒体或是综艺节目"娱乐"：粗口、爆料、打人、恶搞……这些以"非健康"面目博眼球的字眼，绝少在他身上出现，可是这并不妨碍他的当红。这与何炅懂得低调做人是有关系的。

何炅表示："最怕自己成为所谓名人，这是很拧巴的事情，我不可能通过工作以外的东西来炒自己，让自己多曝光，现在很多工作以外的应酬我能不去就不去，我自己的事比如今儿摔了、明儿病了，也从来不会拿到媒体面前说。我觉得作为一个主持人，我每周曝光的时间已经够多了，平时有事没事再来恶炒，对于我来说那个知名度已经不是好事。对于其他人来说，可能需要有这个知名度来获得机会、引起关注，对于我来讲这些已经不是我最在乎的。我最在乎的是别人对我的看法。"

"出头的椽子先烂"，过于显露自己的才能和智慧、过分地招摇，只会招来对自己的损害，让自己更易受到小人的攻击。忍耐住这种自我炫耀的心态，一则能使自己谦虚好学，二则可以保护自身不受损害，要有利于自己聪明才智的发挥。但是有很多人却并不懂得这一点，还往往故意显示自己的清高与孤傲，却不知这样会为自己带来怎样的麻烦。

人有才华是一件好事，但若是与自傲为伍的话，那么就只会让自己树敌过多。

为人处世的道理也正在于此：过分的张扬与自傲，不懂得一丝的谦虚之道，无疑是一个人行事做人的最大忌讳。地不畏其低，方能聚水成海；人不畏其低，方能服众成王——"谦谨低调"是经过时间检验、受到众人推崇的做人法则。

2. 辛勤的劳动是人格精进的"道场"

> 踏踏实实为了一个事儿准备一段很长的时间，很用心地准备，我不相信这个东西是不及格的。
>
> ——郭敬明

凡是功成名就的人，都毫无例外是经过不懈努力，历尽千辛万苦，埋头于自己的事业，才取得了巨大成功。通过艰苦卓绝的努力，他们在成就伟大功绩的同时，也造就了自己完美的人格。

1997年初中二年级时，郭敬明在全国公开刊物《人生十六七》上发表了他的处女诗作《孤独》，这首诗意境忧郁凄美。不久，他收到了杂志社寄来的10元钱稿费和样刊。当时，郭敬明欣喜万分，而他的父母知道这事后，对儿子也倍加赞赏，鼓励他继续努力。父母认为，尽管10元钱的稿费不是很多，但它给郭敬明带来的益处远远超出了它本身的价值，因为，这是儿子用心血和汗水换来的。

作品第一次变成铅字并得到社会的认可，激发了郭敬明的创作热情。从此，他除了写一些文章外，还经常参加一些全国中学生作文大赛。由于功底扎实，他写的文章经常都能被发表，让班上的同学好生羡慕。郭敬明用赚来的稿费给自己买课堂学习方面的资料和喜欢的文学书籍，有时也买可乐喝，还有的时候，他会用来捐助班上困难的同学。郭敬明曾经对记者说：他是独生子，在家没有哥哥姐姐和他一起玩，更找不到与自己交流的同龄对象，所以他特别珍惜同学和朋友之间的感情。

上了高中，学习时间更紧了，但郭敬明没有放弃自己读书写作的爱好。他天天记日记，合理安排时间：一必须保证课堂学习；二学习决不念及写作，写作决不念及学习。由于这样的安排，郭敬明的写作和学习互不干扰，且收到了很好的效果。郭敬明的高中班主任曾介绍说，在中学时，郭敬明这孩子很有灵气和自制力，所以在学校里，老师对他基本上没什么限制和管束。不仅如此，郭敬明的一项发明在四川省青少年科技创新大赛上获得一等奖，他的一项调查报告获得自贡市生物环境考察报告比赛一等奖。写作上的成绩更是不赖，高二、高三时，郭敬明连续获第三、第四届"新概念作文大赛"一等奖。

有读者归纳郭敬明如今的状态是"从一个羞涩着描写青春的哀伤少年变成现在开名车穿名牌坐在落地窗前编故事的人"。郭敬明认为，他能走到今天，靠的是自己勤劳，"我每天熬夜，睡得比别人少。我觉得每个人的努力换来你应得到的回报，这就是等价交换。就像我一样，我工作这么辛苦，要是我还过得不好，我会问自己为什么要这么辛苦。目前来说，我的努力与收获是同等的"。

想要活得好，就要干得好，这一点在郭敬明的身上体现得淋漓尽致。

工作最重要的目的在于，通过每天的工作来不断磨砺自己的心智、提高自己的品格。也就是说，一个人应该全身心投入当下自己应该做的事情中去，全神贯注，精益求精。如果将人的心灵比作一块土地，那么全心工作就是在耕耘心灵的土地，而深沉厚重的人格将成为最宝贵的收获。

劳动能塑造一个人的品格，我们应通过每一天认真、努力、踏实的工作，逐步完善自己独立、诚实、优秀的人格。

3. 做自己应该做的事情

> 我很感谢父亲的三句话："你是不是大学毕业了？你是不是接受了很好的教育？你是不是成年了？"这三句话让我明白了在那个时候自己应该做什么。
>
> ——杨澜

人应该做自己应该做的事情。

杨澜，几乎是中国最早做访谈节目的人，目前仍在做的《杨澜访谈录》也是国内最早推出的高端访谈电视节目，节目定位锐意求新，突出人文和国际化特色，栏目以精彩人物、精彩话题为主要特色，关注人的性格特征和独到见解，以历史的深度和广度，表现个体与社会的相互作用，寻找人类智慧的光芒。至今已走过了十年的光辉历程。在这里，杨澜与550多位"重量级"嘉宾坐而论道，内容涉及政治、经济、文化、社会等诸多领域。

杨澜也做着"轻话题"性质《天下女人》的主持人，面向的都是25~38岁都市女性，设定一个话题，然后通过谈话的形式得出一个结论。焦点人物、争议人物、新锐人物、潮流人物、女性问题专家、观众汇聚一堂，纵论新锐观点，探讨深度话题，互动情感、碰撞智慧。杨澜以国际化视角和睿智风格,启迪人生智慧,揭示现代女性独特的精神世界。

杨澜能有今天的成就,离不开基础的奠定。其实,杨澜和我们大多数人一样,经历过漫长的求学过程,以不断充实自己的大脑,然后步入社会找工作。也和我们一样,在找工作的时候杨澜也遇到过不顺心的事情,但是杨澜父亲问杨澜的三个问题把她叫醒了。"你是不是大学毕业了?你是不是接受了很好的教育?你是不是成年了?"父亲看着杨澜的眼睛说:"你大学毕业了,你接受了很好的教育,你成年了,这说明什么?这说明我们做父母的责任已经尽到了,我们该放手了,不可能帮助你一辈子,剩下的就靠你自己了。记住,路还是要靠你自己走。"父亲的话斩钉截铁,没有给杨澜半点希望,但却激发出了杨澜倔强性格中的自信和闯劲。正是因为父亲的放手,杨澜才重振精神,以一种不达目的誓不罢休的信心,闯出了一片新天地。

倔强的性格成就了杨澜的事业,同时也是父亲的问题给了她当头棒喝。我想大家都喜欢杨澜,因为她从不锋芒毕露,始终实实在在地做自己该做的事情,而这恰恰就是杨澜的光芒所在。

人一定要学会做自己,做最想做的那个自己,而且一旦目标确定,就要有一种认真精神,把这个自己做好。

南唐后主李煜是南唐国君李璟的第六个儿子,他在位时间十五年,但是这十五年间,他只是一味地苟安而不图进取,到最后,做了亡国之君。当了亡国之君后,没过多久,就被毒死,只活了四十二岁。

但作为一代词宗,李煜是当之无愧的。他所创作的词,直到今天还备受人们的推崇。大家评价他的词是直抒胸臆、感情真切、纯真自然。

第三章 你否定我的现在，我决定我的未来

如果不是一个国君，他应该是一个十分潇洒、俊逸的文学家。然而遗憾的是，他被推上了皇帝的宝座。为什么是他当了皇帝，而不是别人？主要是他的父亲对他格外喜欢。李煜长得与众不同，有一只眼睛是重瞳，据说有个很灵的相面人给他看了相貌，说他很有富贵相，因此，他的父亲对他期望很高。不仅如此，李煜多才多艺，不但文章写得十分出众，而且在书法和绘画方面也很有造诣，加上他为人很是厚道，因此备受父亲的喜爱。

其实公允地说，在李煜继位的前几年，南唐国势就已经开始衰落了，他的父亲在后周强大的攻势面前，不得不一再退让，最后将江北领土割让给了后周，之后南唐和后周就隔着长江对峙，南唐仅依靠着长江天险保障着自身的安全。但南唐在五代十国中是最为富庶的一个国家，是有实力和后周抗衡的，若有强主出现，或许还有后发优势。然而，在后周不断发展强大，南唐一直走下坡路的关键时刻，李璟选择自己最喜欢的儿子做了皇帝，从此，把南唐的命运交到了一个根本就不适合也不想当皇帝的年轻人手上，或许他还以为是为自己的儿子着想，实际上却是害了他。

毋庸讳言，李煜本质上是个文人，一个很有才华的词人，也很有情调，而且对排场也十分考究，在书法、绘画和文章上都有很深的造诣。但就是这样一个十分优秀的文人，在天下人人垂涎的皇帝宝座上一筹莫展，因为他没有周世宗那种豪气冲天和统一天下的壮志。在国家日渐衰落时，他对军事提不起任何兴趣。比如他的大将林仁肇就曾经主动请缨，愿意领兵几万人北上，去收复南唐的失地，为了避免宋朝廷对李煜横加指责，林仁肇甚至为李煜拟好了开脱的理由：只要林仁肇一起兵，李煜就向外

发布消息说林仁肇叛变。这样如果能够成功，得利的是国家，如果失败了，到时候也只需要杀了他的全家，而李煜没有必要为此承担任何责任。即使是大臣这样周全的安排，这位文人皇帝也没有同意。在他看来，要想国家保全，就只有念佛，但这个是没有用的，他估计也意识到了，于是整天醉生梦死，做些文人的填词游戏，束手待毙，等候国家灭亡的那一天。后来，在强大的宋朝面前，李煜借酒浇愁，听任国家的衰亡。不久，国家就灭亡了，李煜也做了亡国之君。七夕的晚上，李煜心情郁闷到了极点，于是他让歌妓奏乐，声音很大。有人告诉了宋太宗，太宗十分生气，又听说李煜在《虞美人》中对故国很是怀念，更加恼怒，当天晚上，他就派人给李煜送去了毒药。李煜死的时候年仅四十二岁，这个年龄应该是一个词人大放异彩的年龄。

如果李煜不是国君，只是出生在富贵人家，或许李煜能够在人世间逍遥自由，将他的词发展到登峰造极的地步，但可惜的是他偏偏是个帝王。

每一个人都有自己最擅长做的事情，也应该去做自己最擅长的事情，这样才能够让自己的能力得到最大限度的发挥。人一定要做自己想做的人。虽然现在社会每一个人都承担着很大的压力，家人也对自己有很大的期望，但是这和做自己最想做的人并没有任何矛盾。

年轻时就应该培养自己的兴趣爱好，以后才能成为自己想做的人，而不至于像很多人一样，到老了才知道自己该做什么。

4. 越掌握，越理性，就会越从容

> 不管是生活，还是事业，都应该一步一个脚印，踏踏实实地走下去，这山望着那山高，只会让人在不切实际的目标中迷失了方向，最终得不偿失，血本无归。人生最重要的就是懂得步步为营，量体裁衣地为自己计划好将来的路应该几时走，如何走。
>
> ——杜淳

每个年轻人都有目标和理想，只有依靠个人的力量，不断努力，把握住各种机会，才能够获得期望中的成功。

作为众多"80后"中的一员，杜淳开玩笑地说，自己属于"80后"中的稳重派。在事业达到一个高峰的今天，杜淳难得保持着一颗极度清醒的头脑和一份懂得对客观看待自身的睿智。除了一个演员在演技上的修炼与磨砺外，杜淳在面临事业中的每一个转折点时，更像一个投资熟练的商场高手，他懂得在什么时候选择什么样的工作目标。

从演至今，杜淳在荧屏上带给观众的大多是热血、踏实、诚恳的正面形象。有记者问过杜淳，有没有想过转型，尝试一些与之前不同的、较为新鲜或反派的角色？杜淳回答说，自己也曾有过这样的机会，但自己属于步步为营的保守派，觉得就目前来说，还不是将自身形象做一个大幅度跨越的最佳时期。

"不管是生活，还是事业，都应该一步一个脚印，踏踏实实地走下去，这山望着那山高，只会让人在不切实际的目标中迷失了方向，最终得不偿失，血本无归。人生最重要的就是懂得步步为营，量体裁衣地为自己计划好将来的路应该几时走，如何走。"

"一个演员的戏路还没有完全定位时，过于轻易地尝试诸多形象上的跨越，会造成观众对你的混淆感，让你在戏路上的定位走入一个盲区。"

所以，在没有确定什么样的形象定位最适合自己时，杜淳势必还要将成熟好男人的形象持续下去。其实，若是能将一种形象持久地、日益完善地坚持下去，最终将这种形象变成一个演员在荧屏上的一个符号，这未尝不是另一种成功的标志。

在塑造各种不同类型人物的过程中，杜淳的演技得到了进一步的磨砺和提升。如今，演艺道路越走越宽的杜淳，获得了更多观众的认可和青睐，成为新生代演员的代表人物。很多人开玩笑地说，"杜淳天生长了一副男一号的脸"，但是只有他自己知道，取得这些成绩离不开自己的努力和付出，他一直努力地演好自己的每一个角色、每一部戏，让大家看到这个稳重派"80后"的勤奋、努力与成绩，"相信付出和回报会成正比"正是他的座右铭。

"人得有自己的目标，就算苦一点儿也无所谓。"

杜淳说，他的优点和缺点都是自信。自信带给他冲劲和胆量，也曾让他摔过跤，感觉到痛。说到将来，杜淳笑言自己没有太大的野心，只希望在事业上有个立足的空间，在圈里大家一提到杜淳，就会考虑有没有适合他的角色，这就够了。而能够被更多的、不同的观众认可，并得到长久而持续的肯定，是一个演员最大的愿望。为此，他正在一步一步、踏踏实实地走下去。越掌握，越理性，才会越从容。

每个人年轻时，都有过高低不同的梦想，杜淳跟所有从青葱岁月一路走来的人一样，曾经仰望高峰，期盼殊荣的临幸。但岁月带给年轻人的，总是失望多过希望。从无数次挫折中走向成功的杜淳也不例外，他坦言，少年壮志不言愁的时期，也曾立志成为下一个谁谁谁。不过，现实总是残酷，幸运也只属于极少数人。杜淳称，自己如今已经不会再为一些不可一世的梦想倾注太多执着，成长就是让人认清现实，拿捏梦想，把握当下的无奈还有些痛苦的过程，因为有的梦想注定遥不可及，适当放手，才能走得更好、更远。

其实相比来说，通过努力获得这般荣耀的杜淳，如今已经在梦想和现实之间，找到了一个平衡点。

很多人渴望成功却不愿付出努力，总是坐等机会的降临。这种被动的做法最后的结果大多是失败的。获取成功的第一步就是要主动出击，只有先提升自己的能力，才能够把握住天助的机会，进而获得你渴望的成功。

在职场中，很多人认为自己的工作太简单了，根本不值得全身心投入，更不必花费太多精力，于是一边抱怨没有机会，以及上司不识自己卓越的才华，一边敷衍工作，只做到差不多、说得过去、上司挑不出毛病来就行了。殊不知，这种"差不多"的思想的最后结果却是"差很多"。

胡适先生写了一篇《差不多先生传》，里面深刻地描绘了这种心理：

你知道中国最有名的人是谁？提起此人可谓无人不知，他姓差，名不多，是各省各县各村人氏。你一定听别人谈起过他。

他常常说："凡事只要差不多就好了，何必太精明呢？"

他小的时候，妈妈叫他去买红糖，他却买了白糖回来。妈妈骂他，他摇摇头道："红糖和白糖不是差不多吗？"

他在学堂的时候，先生问他："直隶省的西边是哪一个省？"他说是陕西。先生说："错了。是山西，不是陕西。"他说："陕西同山西不是差不多吗？"

后来他在一个钱铺里做伙计，他也会写，也会算，只是总不精细，"十"字常常写成"千"字，"千"字常常写成"十"字。掌柜的生气了，常常骂他，他只是笑嘻嘻地说："'千'字比'十'字只多一小撇，不是差不多吗？"

有一天，他为了一件要紧的事，要搭火车到上海去。他从从容容地走到火车站，结果迟了两分钟，火车已在两分钟前开走了。他白瞪着眼，望着远去的火车上的煤烟，摇摇头道："只好明天再走了，今天走同明天走，也还差不多。可是火车公司未免也太认真了，8点30分开同8点32分开，不是差不多吗？"他一面说，一面慢慢地走回家，很不明白为什么火车不肯等他两分钟。

有一天，他忽然得了一种急病，叫家人赶快去请东街的汪大夫。家人急急忙忙地跑去，一时寻不着东街的汪大夫，就把西街的牛医王大夫请来了。差不多先生病在床上，知道找错了人，但病急了，身上痛苦，心里焦急，等不得了，心想道："好在王大夫同汪大夫也差不多，让他试试看吧。"于是这位牛医王大夫走近床前，用医牛的法子给差不多先生治病。不一会儿，差不多先生就一命呜呼了。

差不多先生差不多要死的时候，断断续续地说道："活人同死人也差……差……差……不多……凡事只要……差……差……不多……就……好了，何……何……必……太……太认真呢？"他说完这句格言，方才气绝。

现实工作中当然也有对现状不满的员工，但是他们仅仅是停留在现在的位置上不停地抱怨，却不肯现在就开始努力改变现状。抱怨对于工作毫无益处，不但不能改变现状，反而会在老板心目中留下不好的印象。

美国富兰克林人寿保险公司前总经理贝克曾经这样告诫他的员工："我敦劝你们要永不满足。这个不满足的含义是指上进心的不满足。这个不满足在世界的历史中已经导致了很多真正的进步和改革。我希望你们决不要满足。我希望你们永远迫切地感到不仅需要改进和提高你们自己，而且需要改进和提高你们周围的世界。"

能够在事业生涯上出类拔萃的人，对于顶尖的表现自有一套定义，并且会朝这样的标准积极迈进。在这个过程当中，他们会逐渐发现有问题的地方，并且会加以修补、调整，然后再继续努力朝着理想一步步地推进。细微的瑕疵、不尽完美之处，或是不怎么理想的成果都有可能出现，这些都是行进过程中必然要经历的环节。

不思进取的年轻人不但不能够发展，说不定还会在日益激烈的竞争中被淘汰。只有那些能够不断学习、适应社会需要的人才能够在企业里长久地生存。和自己较劲的人，就拥有了不懈的动力，凭借这样的动力，才能够不断提升自己，全力以赴地将工作做到最好，也会为改变自己的命运提供更多的机会。差不多的工作人人都可以做到，但只有不满足于平庸，才能追求完美，才能创造佳绩，也只有对自己的要求越来越高，自己的能力不断提高才能在事业上更上一层楼。

5. 该放手时且放手

> 我没有在那里用掉我的半生甚至毕生的时间才是我的幸运，这次勇于放弃的经历，使我更加清楚自己的追求和兴趣所在。人生只有一次，不应浪费在没有快乐、没有成就感的领域。
>
> ——李开复

很多东西，该放手的时候就要放手，而放手是为了更好地获得。

他在中国台湾读小学时，曾经领导班上同学检举老师对学生罚款甚至侵吞班费的行为；在美国读中学时，他写了一篇政治论文并荣获全州作文竞赛一等奖，因此周围的人都认为他很有政治天赋；高中时他学习很用功，考入了美国一所著名的大学，一切都是顺理成章，他选择了当时备受人们追捧的热门专业——法律。

这位青年开始了他的大学生活，直到此时他才知道自己并不喜欢自己选择的专业，每天枯燥无味的生活就像地狱一样，时刻折磨着他，他甚至想把课本扔到教授身上。

经过一年的痛苦挣扎，他终于不再顾忌转专业的申请手续有多么繁杂，也不顾老师和同学不解的眼光，放弃了令人羡慕的法律专业，转而进入当时默默无闻的计算机专业。

一直到换专业时,他都不曾为逝去的光阴后悔。他说:"我没有在那里用掉我的半生甚至毕生的时间才是我的幸运,这次勇于放弃的经历,使我更加清楚自己的追求和兴趣所在。人生只有一次,不应浪费在没有快乐,没有成就感的领域。"

就是这个青年,7年后开发了"语音识别系统"并由此获得了《美国商业周刊》最重要发明奖。他于1998年加盟微软,创立了微软亚洲研究院。2000年他升任微软全球副总裁,是微软高层里职位最高的华人。2006年他又出任Google公司全球副总裁、中国区总裁。2009年,他从谷歌离职创办创新工场,并任董事长兼首席执行官。他就是李开复。

有时放弃也是一种智慧:没有放弃就没有所得。如果李开复当初没有放弃自己并不喜欢的法律专业,也许今天的他只是美国某个城镇上日日忙碌的小律师而已。

人当有所为亦有所不为,知之为之则为之,知之不为则不为。只有理清什么对于自己来说是最重要的,放弃那些虚无的表面光辉,听从心灵的召唤,像李开复那样尽力"做最好的自己",你才能有所收获,有所成就。

某天一个早上,妈妈正在厨房清洗早餐的碗碟。四岁的孩子,自得其乐地在沙发上玩耍。

不久之后,妈妈听到孩子的哭啼声。究竟发生了什么事呢?妈妈还没有将手抹干,就冲出客厅看看孩子去了哪里。

原来，孩子仍坐在沙发上，但是，他的手却插进了放在茶几上的花樽里。花樽是上窄下阔的一款，所以，他的手伸了进去，但伸不出来。母亲用了各种不同的办法，想把卡着的手拿出来，但都不得要领。

妈妈开始焦急，她只要稍微用力一点，小孩子就痛得叫苦连天。在无计可施的情况下，妈妈想了一个下策，就是把花樽打碎。可是她稍有犹豫，因为这个花樽不是普通的花樽，而是一件价值连城的古董。不过，为了儿子的手能够拔出，这是唯一的办法。结果，她忍痛将花樽打破了。

虽然损失不菲，但儿子平平安安，妈妈也就不太计较了。她叫儿子将手伸给她看看有没有损伤。虽然孩子完全没有任何皮外伤，但他的拳头仍是紧握住似的无法张开。是不是抽筋呢？妈妈又开始惊惶失措。

原来，小孩子的手不是抽筋。他的拳头张不开，是因为他紧捉着一枚一元硬币。他是为了拾这一枚硬币，手才被卡在花樽的口内。小孩子的手伸不出来，其实，不是因为花樽口太窄，而是因为他不肯放手。

对于教训，固然要吸取，但吸取应只停留在教训本身，而不应该将它变成自己的一种阻碍。如因为急躁冒进，犯了错误，那么也应该只停留在改正急躁冒进的错误上，而不应该因此而停止创新，或者将所有的创新都归纳为急躁冒进，毕竟任何创新都是有风险的。要想创新的收益大，所承担的风险自然也大。

有些人抓住教训不放，一朝被蛇咬，十年怕井绳，在心里留下阴影，始终挥之不去。他们认为以后对这种阴影避而远之就可以，事实上，无论他们发展到哪一步，这种阴影都会影响到他们的生活。唯一克服阴影的办法就是当时就放手，根本不把它留在心里。人在不同的阶段，很容易受到不同事情的影响，比如年轻的时候容易受到感情的影响。当遇到一份不如意的感情时，他们很是在乎，不能忘记伤痛，以致难过地过了一天又一天，到最后几乎发展成了抑郁症。事实上，这些大可不必。人活着还有更多的追求，况且对方不选择你，你如此伤心，说明对方失去了一个值得珍爱的人，是对方的损失，又不是自己的损失。为此，人更是应该学会放手。

　　对于荣誉，大可不必放在心上。荣誉是努力的副产品，其实在努力的过程中，人们已经体验到了成功。一个领导，他用一年的时间苦心经营，把企业治理得井井有条，难道他就是在等待年终的时候员工给的一句肯定吗？其实在他努力的过程中，员工已经看在眼里。他们能够明白领导的辛苦，因此会加倍努力。在这一过程中已经产生了荣誉，产生了认同。而有些人习惯沉溺于荣誉中，得到荣誉后就洋洋得意，沾沾自喜，没有想要继续努力，如此下去的话，最后往往会一事无成。有一对父子做瓷娃娃去卖，父亲做的瓷娃娃每个能卖5元钱，儿子刚开始做的时候，每个瓷娃娃只能卖1元钱，后来儿子很努力，加上父亲总是鞭策他，他的瓷娃娃越做越好，很快就卖到了5元钱。到这个时候，儿子仍然没有放弃努力，继续坚持，最后一个瓷娃娃卖到了10元钱。儿子有些志得意满了，父亲狠狠地批评了儿子。儿子很不服气，对父亲说："我的瓷娃娃一个能卖10元钱，而你的只能卖5元钱，你有什么资格批评我？"父亲一听，长长地叹了一口气说："以后你的瓷娃娃永远都只能卖10元钱了。"最后果然如此。父亲年轻的时候也跟儿子一样，因为他父亲的瓷娃娃只能卖3元钱，等到自己做到5元钱的时候他就志得意满了，所以卖了一辈子5元钱的瓷娃娃。

人难免有很多得意与失意，得意不必狂喜，失意不必伤悲。得意的时候应该想到会有失意，而失意的时候更应该明白成功或许就在这失意中。对于伟人和凡人而言，过去的都已经成为过去，在新的起点上，要取得成就，就必须有一种成功者的心态，而且不要将过去的经历当成包袱背在身上。每过一段时间，人都要将自己清零，都要学会从心态上重新开始，在新的起跑线上，有动力，没有包袱，最后才能获得成功。

有一个国王，他晚上做了个梦，梦见神人告诉他一句话，说只要记住这句话，就能够得到一辈子的幸福。然而醒后，国王竟然忘记了那句话。国王绞尽脑汁都没有想起来，于是问大臣，有没有一句话，听了以后会让人得到一辈子的幸福。大臣都摇头，好像没有。国王求一句箴言的消息很快就传开了。过了三个月，一个已经告老还乡的老臣求见国王，他对国王说他知道那句话，不过还请国王先给他一个戒指，他打算把那句话刻在戒指上。国王于是给了他一个戒指。两天后，老臣把戒指还给了国王。国王一看，戒指上赫然刻着"一切都会过去"六个字。国王顿时想起，这正是梦中神人说的话。

一切都会过去。请永远记住，每天都应该有一个新的开始，都应该有一个积极的心态。千万不要让既成的事实成为一种包袱，既不要因为种种遭遇而垂头丧气、不思进取，也不要因为过去的种种荣耀和成就而趾高气扬、不可一世。

人需要清空自己心中的一些污垢，因为这些东西只会成为自己成长路程中的包袱，该放手时且放手。

6. 学得越多，走得越快

> "戏剧不一定要去科班学习，戏剧和你的历练、生活有很大的关系。"
>
> ——桂纶镁

不要以为离开了学校，就离开了学习。其实，走入社会后，你的学习才刚刚开始。上学的时候学习只是目的，而且目的很单纯——得高分。

工作后，学习是手段，目的是让你获得更多——金钱、地位、快乐和人生价值。

在我看来，人生的学习分为两个阶段：第一个阶段是小学、初中、高中和大学等学校教育阶段，通过系统性地连续学习，掌握学习方法和基础的学问和知识，这个阶段的学习属于被动学习；当走入社会、开始工作后，便进入了人生的第二个学习阶段，这个时期的学习比第一个时期更重要，凭着在学校学到的知识对社会进行探索，同时领悟到更加实用的东西。这个阶段是主动学习、有针对性地学习，更能锻炼一个人的能力。

1983年12月25日出生的桂纶镁身上表现出"80后"这一代人的共性——热爱运动。法语系出身的她，在淡江大学的时候，一直都是学校里的短跑健将，对于各项运动或是球类也都很有兴趣。此外，从小学芭蕾舞到六年级的她，使得她具有芭蕾舞者的身型，高中时期，她也是学校热舞社的成员，至今她仍然非常希望有一天可以继续学习芭蕾舞。

桂纶镁身上有着一种倔强的坚韧性格，不管是生活上、学业上，甚至是演出方面，都没有设限，努力地观察吸收，更在不断储备能量，希冀随时可以充分发挥出自己的潜力。回忆在法国学习的时光时，她说，"刚开始念法文系时，非常后悔，很不甘心。我已经考上了梦想中的学校，竟然没去念！到了第二年，甚至到我毕业，发现其实这是一个很好的选择。我真的接触了法国，也去了法国，比真正在念戏剧的人多了解了这个国家，我现在爱上了他们的文学和哲学。另外，在异乡大大小小的情绪都要一个人面对，法国人又没有耐性，你法文很差，他就会挂你电话。正因为有那一年的经历，才让我在表演上有更好的养分，韧性强了很多。"

桂纶镁从小家境良好，家中除了她，还有一个哥哥。跟很多"80后"一样，父母从小就帮她规划好了人生之路，按照父母的设想，她最理想的出路不是外交官，就是经理人，或是新闻主播，最不济也得是公司白领，朝九晚五，体面光鲜。"但是我从高中开始，就自己给学校排舞台剧，"桂纶镁说，"好奇怪，那些表演啊、导演啊、美术啊，我一天都没有学过，但是第一次做也没觉得有多困难。"

虽然在表演方面悟性很高，但桂纶镁仍很虚心认真地去学习，哪怕过程中遇到挫折，也不会因此而气馁，而是鼓励自己继续坚持自己的梦想，实现人生的价值。在获奖感言中，她这样对自己身边的人表示感谢："非常谢谢评审，在这个学习的路上，能在现在拿到这个奖，真的给我很大的鼓励，我会继续拍下去，谢谢评审，谢谢导演写了一个很棒的角色，给我很棒的男演员跟女演员,凤小岳、张孝全、张书豪,谢谢你们精湛的演出,我要再谢谢像我父亲的导演易智言,谢谢一路帮过我的所有人,最后我要谢谢我的父母亲,你们忍受了很多寂寞也好,女儿的坏脾气也好,就是希望让女儿做自己想做的事情。"

在这个现实的社会,若你的知识学得不够,能力不够,得分很低,没有人会像学校的老师一样强迫你,甚至"填鸭式"地把技术和经验喂到你嘴里,你的领导和上司更没有义务耐心地培养你,提醒你。而你的无能,便是竞争对手最好的机会,有很多比你强的人会悄然地替代你。所谓"适者生存",你不能适应社会,就会被社会抛弃。

两位名牌大学毕业生同时进入了一个大企业,A竞争意识差,学习力一般,进入企业后,因找到了这份难得的工作而安于现状,慢慢地,他在学校所学的知识已经折旧了一半。

而B虽然在校时成绩比A略差一等,但他进入企业后有危机感,有比较强的学习力,一边努力工作,一边主动要求参加企业安排的各种培训,学习相关的业务技术。

几年后,两个人在社会中的位置已大不同,A被企业的新人淘汰掉了;B则凭着自己的实力谋到了经理的位子,有大好前程在等着他。

很多人找到一份工作、有了一个安稳的生活后,就以为自己可以高枕无忧了,就开始不思进取,或者按部就班地等待着升迁、等待退休。这是一件很危险的事情,特别是对于那些非企业单位的年轻人来说,他们是啃着"老本"在过日子,总有一天会把家底啃光。

其实，你只能保证自己今天是人才，却无法保证明天的你依然是一个人才。你今天能受到单位的重用，明天就可能面临被淘汰的命运。

所以，如果不想被这个社会淘汰，就必须时刻确保自己比别人优秀，而要做到这一点，只有靠不断地学习，不断地给自己充电。

在你的职业发展过程中，当你处于一种迷茫、徘徊、很难取得进步的状态时，或者当你没有安全感和归属感，甚至害怕有一天被炒掉的时候，就是你迫切需要学习的时候。

趁着自己还年轻，读点书、报个班，多给自己攒些本钱，俗话说技多不压身，虽说短期的充电达不到十八般武艺样样通，但也得有几样拿得出手的。多几项技能在手，你的老板肯定舍不得你走，即使甚至为了自己的职业发展前景，想要跳槽另谋出路，也不愁没有新的伯乐相中你。

有时候，你可能感到自己确实应该学习，但就是不知道学点什么。学习，一定要选择能使自己的价值得到提升的技能，以弥补自己的不足之处。要通过学习明白自己真正学到了什么东西，什么东西能使"自我增值"最大化。仅仅为了一张文凭而学习是一种欺骗行为——欺骗用人单位，也欺骗了自己。

若想靠学习来增加事业打拼的资本，必须将学习同自身的职业生涯规划紧密地联系起来，达到学以致用。

人说活到老学到老，只有不断增加你的自我资本才是最重要的。趁年轻的时候多学习、多充电吧，这是将使你的经验和资历不断增值！

（1）向实践学习。一些技术能力，光靠书本知识是没用的，实践学来的才最好用。

（2）向领导学习。领导带领着企业发展，承担的责任大，必然有他的过人之处。

（3）向同事、同行学习。多听，多看，多聊，多想，主动获取优秀同事、同行的经验。

（4）向优秀的人学习。山外有山，人外有人。很多优秀的人不一定"醒目"。不要以貌取人，而应不耻下问。

（5）向事件、错误学习。吃一堑长一智，经验是由一些经历过的事情积累而来的。每件事都给你提供了一次极好的直接学习的机会。

第四章
你嘲笑我一无所有不配去爱,我可怜你总是等待

1. 做好准备,迎接机遇的到来

> 像我们这样没背景、没家境、没关系、没金钱的一无所有的人,你还不拼命工作,拼命奔跑,那活着还有什么意思?
>
> ——郭德纲

不要坐等机会出现,机会是自己创造的,只要你开始行动,机会便随之而来。

纵观古今中外,凡是成大事者之所以能够获得命运的青睐,是因为他们能牢牢抓住机遇。

机遇只偏爱那些做事勤奋且为事业的成功作了最充分准备的人。

只有做事勤奋的人才懂得积累实力,而当他们自身的实力积累到一定的程度时,机遇便会自动登门拜访。

郭德纲21岁那年从外地来到北京拜师学艺,却四处碰壁。不久,他和几个朋友成立一个小俱乐部,靠在街头卖艺混口饭吃。

每当夜幕降临的时候,别人都早早回到温暖的家,而他仍旧站在空荡荡的舞台上反复练习新学的段子,直到练得嗓子有些嘶哑,舌头不住打颤才停下来。朋友们看不下去了,私下劝他,不就是为了混口饭吃嘛,至于这么拼命吗?

朋友们的心意他领了,但他仍旧拼命地记录、背诵、练习各种各样的传统段子。整整一年,他没看过一场电影,没逛过一次街,甚至没好好睡上一觉。付出的汗水终究获得了应有的回报,在短短的一年里,他竟然能将600多个传统段子收放自如地表演出来,在朋友圈里小有名气。

可命运似乎总爱和努力的人开玩笑,失败一次次降临,成功成了遥不可及的目标。默默耕耘、无人问津的日子过得异常苦闷。有一次,他仍像平时一样练习到深夜才骑着自行车回家。可刚骑出去没多远,自行车就坏了。午夜的街道上,公交车已经停运,而且他也没钱打的,第二天下午还有一场重要的演出。他脚一跺,牙一咬,把自行车扔在路边,硬着头皮向郊外的出租屋走去。

正值秋雨绵绵的季节,天色微微发亮的时候他才回到住处,浑身上下湿漉漉的,头晕目眩的他一头栽倒在床上,发起了高烧。他心里清楚,这样下去非出事不可。于是,他勉强支撑起身体,翻箱倒柜地找出一个破传呼机,拿到街上卖了十多块钱,买了两个馒头和几包感冒药,硬是挺了过去。

下午,当面色蜡黄的他赶到演出地点的时候,他的搭档吓了一跳,连忙问他出了什么事,他笑着说了昨晚的遭遇。看着他憔悴的面庞,搭档的眼泪在眼眶里直打转。搭档在他肩上轻轻拍了拍,什么也没说,搀扶着他走上了前台。

一无所有的他硬是靠着这股倔劲在竞争激烈的北京站稳了脚跟。几年之后,在一次比赛里,他的自信从容、诙谐幽默引起了著名相声演员侯耀文的注意,侯耀文通过别人婉转地表达了自己想要收他为徒的意思。

听到这个消息的时候,他让搭档于谦打自己两下,于谦扇了他两耳光,他的眼泪忽地落了下来,两个大男人紧紧抱在一起,孩子一样放声大哭起来。

几年以后,郭德纲已经红透了大江南北。有记者把他当年的这些故事挖掘出来,问他为什么能坚持到现在。他微笑着回答:"我小的时候家里穷,那时候在学校一下雨别的孩子就站在教室里等伞。可我知道我家没伞啊,所以我就顶着雨往家跑。没伞的孩子你就得拼命奔跑!像我们这样没背景、没家境、没关系、没金钱的一无所有的人,你还不拼命工作,拼命奔跑,那活着还有什么意思?"

如果机遇可被每个人轻而易举地抓住,尤其是被那些做事不努力、得过且过的人抓到,那么这种机遇便显得没有多少价值了。

的确,只有爱思考、做事勤奋的人,才能获得机遇,为自己的人生点亮一盏明灯。

"机遇只偏爱有准备的头脑"这是一句人们耳熟能详的名言,其中所包含的朴素真理再次被人力资源及人才调查中心的分析报告证实。

我们发现成大事的人之所以能够获得命运的青睐,能在机遇来临之时牢牢地抓住机遇,就是因为较之常人而言,他们为此进行了更为漫长和充分的准备。他们就像一颗颗种子,在黑暗的泥土中蓄积营养和能量,一旦听到春风的呼唤,就会破土而出,长成挺拔俊秀的栋梁之材。

这就很好地解释了这样一些问题,即为什么有的人总能得到比别人更多的机遇?为什么面对同样的机遇,有人成功了有人却失败了?为什么有些资质原本不好的人却能得到命运的垂青,而某些天资甚佳者却最终庸碌无为？为什么成功者总显得比别人幸运？等等。

这些问题的回答可归结为一句话，那就是：机遇只偏爱那些为了事业的成功而作了最充分准备的人。换句话说，只有在"万事兼备"的情况下，东风才显得珍贵和富有价值。

从某种意义上讲，机遇是被人创造出来的，是人的主观能动性和外界环境变化的客观必然性相结合的产物。主观方面条件的增强会影响到客观环境的变化，更容易产生好的机遇。同样，当一定的客观机遇出现后，那些在提高自身素质方面不断努力的人要较之常人更容易接近和抓住这些机遇。

许多成大事者就是创造机遇的高手，他们总是在努力，总是在奋斗，开始时他们是在找寻机遇，而一旦当他们自身的实力积累到一定程度时，机遇便会自动登门拜访。而且，随着他们自身才能的不断提高、知名度的不断增加，其所面临的发展机遇也会相应地发生质和量的飞越。可以说，没有他们的这些主观努力，就不会有这么多的良好机遇。从这个角度上说，机遇是那些有准备的人创造出来的，是对其努力的一种肯定和回报。

如果机遇可被每个人轻而易举地得到，那么这种机遇便显得没有多少价值了。事实上，机遇往往是一种稀缺的、条件苛刻的社会资源，要得到它，必须要付出相当大的代价和成本，且必须具备相应的足以胜任的资格，而这一切都离不开长期艰苦的准备。

这就是机遇为何更偏爱有准备的人的原因。

我们还发现，虽然命运有时是不公正的，那些毫无准备的人却获得了某种机遇，但从长远来看，这些人很少能有所建树。而在当代名人的成功史上，无不记载着人们为迎接机遇所作的种种准备。

但有时命运总是爱捉弄人的，由于客观原因的限制，并不是每个人都能从事自己所心仪的职业。

当面临这种情况时，有人将之视为不幸，而有人却将之视为机遇，他们能重新调整自己的人生目标，不怨天尤人，也不消沉沮丧，而是以"既来之，则安之"的心态，干一行，爱一行，把精力投入到所从事的新领域中去，进而开创出一番崭新的事业。

我们发现"把不幸也当作是一种机遇"的积极人生态度是成功者的一大秘诀。

许多成功者不仅是开拓机遇、捕捉机遇的能手，而且还有发掘如何高效运用机遇的能力。他们的成功启示我们，一定要提高机遇的利用率，并把它发挥到最大值。

有的人一生中曾有过许多很好的机遇，但他们不懂得如何充分利用这些机遇，结果丧失了使自己的事业"更上一层楼"的机会。也有的人抓住了机遇，但是并未理解这一机遇的全部内涵，因此他们有可能取得一定的成功，但仍会留下诸多的遗憾。

的确，只有爱思考的人、做事勤奋的人，才能充分地获得机遇，并为自己的人生点亮一盏明灯。

2. 等待只能是两手空空

> 只要每多读一遍剧本，对角色或多或少都会有新的领悟。
>
> ——韩庚

等待是任何年轻人做事时的最大恶习，它不同于依赖、拖延、懒惰等，而是主要表现在，空让时间在他的犹豫中逝去，其结果只能是两手空空，因为天上不会掉馅饼。若想有所成就就必须克服等待这个恶习，行动起来，成功了皆大欢喜，失败了还可以从头再来，而等待下去只会华发增多，皱纹加深。对于现在许多不甘平庸的年轻人而言，不要再观望了，抛弃等待这个恶习，从现在起就行动起来，只有这样，才能踏上成功之路，才能品尝到胜利的果实。

2005年，韩庚以组合Super Junior出道，发行了4张唱片，并举办巡回演唱会，迅速席卷全亚洲。2010年，韩庚宣告单飞，首张个人音乐专辑《庚心》更是创下了过百万张的销售奇迹，包揽了所有顶级颁奖典礼最佳男歌手及最受欢迎男歌手奖项。韩庚开始追求音乐、电影全方位发展。

韩庚谈起自己主演的第一部电影《大武生》时说到："当时拿到剧

本的时候,已经是凌晨一点多,但我还是一口气看完了它。"他真心喜欢自己在剧中的角色孟二奎。"我们俩有相似的背景,从这个角色中我能看到自己的影子。"和导演高晓松第一次见面的时候,高晓松就对他说:"你看你一坐那儿就是孟二奎,你们俩性格很像。"韩庚随身带着剧本,没事时就看一看,背一背。他信奉一个质朴的观念:"只要每多读一遍剧本,对角色或多或少都会有新的领悟。"有那么一瞬间,他觉得自己找到了让一个角色附着在自己身上的表演方式。

与此同时,在拍戏中,少年时代练习舞蹈的"狠劲"又重新回到了他身上。他能够做到每天凌晨5点起床做早功,也可以重新拾起10年没有练过的京剧,练功练到肌肉撕裂,拍一个吊威亚的镜头连拍20条,他把练功用的刀、枪都放在车的后备箱里,没事时就拿出来练一下。剧组给他起了一个"生猛海鲜"的绰号,对于他而言,是一种认可和褒奖。《大武生》的武术指导洪金宝对他赞不绝口:"打得全身伤了也没说什么,一直撑着拍摄,很有心思和耐性。"

消极等待的习惯除了会磨去我们的锐气,让我们一事无成,没有任何好处。所以,绝不能让这种恶习控制我们,应该随时提醒自己:一切的一切都毫无意义——除非我们付诸行动。

有这样一个笑话:有个落魄的中年人每隔三两天就到教堂祈祷,而且他的祷告词每次几乎都相同。

"上帝啊,请念在我多年来敬畏您的份儿上,让我中一次彩票吧!阿门。"

几天后,他又垂头丧气地回到教堂,同样跪着祈祷:"上帝啊,为何不让我中彩票？我愿意更谦卑地来服侍您，求您让我中一次彩票吧！阿门。"

又过了几天，他再次出现在教堂，同样重复他的祈祷。如此周而复始，不间断地祈求着。

终于有一次，他跪着祈祷说："我的上帝，为何您不听我的祈求？让我中彩票吧！只要一次，让我解决所有困难，我愿终生奉献，专心侍奉您……"

就在这时，圣坛上空传来一阵宏伟庄严的声音："我一直在听你的祷告。可是，最起码，你也该先去买一张彩票啊！"

生活中，许多人也像这个落魄的中年人一样，习惯于等待好事情的发生，而自己却不为自己的梦想付出一点努力，到了最后，他们的梦想只能是竹篮打水一场空。

在一次战斗胜利后，有人问亚历山大，是否等待机会来临，再去进攻另一个城市，亚历山大听了这话，竟大发雷霆，他说："机会？机会是要靠我们自己创造出来的。"创造机会，便是亚历山大成功的原因。不等待，不犹豫，唯有创造机会的人，才能建立轰轰烈烈的丰功伟绩。

有人认为，机会是打开成功大门的钥匙，一旦有了机会，便能稳操胜券，走向成功，但事实并非如此。无论做什么事情，就是有了机会，也需要不懈地努力，才有成功的希望。

一个人若总是等待机会，是什么事也干不成的，机会是给那些有准备的人的。人的一切努力和希望，都可能因等待机会而付诸东流，而那机会最终也不可得。

人们往往把希望做的事，看得过于高远。其实只要从最简单的工作着手，不再等待，脚踏实地，一步一个脚印，便能达到事业的顶峰。

如果你看了林肯的传记，了解了他幼年时期的境遇和他后来的成就，定会有所顿悟。林肯的家是一所极其简陋的茅舍，既没有窗户，也没有地板，以我们今天的观点来看，他仿佛生活在荒郊野外，距离学校非常遥远不说，连报纸书籍都没有。就是在这种情况下，林肯坚持每天跑二三十里路，到简陋不堪的学校上课。有时为了进修，不惜要跑一二百里路，去借几册书，晚上再借着燃烧木柴所发出的微弱火光来阅读。林肯只受过一年的正规学校教育，后面通过自己的努力奋斗，成为美国历史上最伟大的总统之一，也成为世界上最完美的模范人物。

伟大的成功和业绩，永远属于富有奋斗精神的人，而不是属于一味等待机会的人。应该牢记，良好的机会完全在于自己的创造。如果认为个人发展的机会在别的地方或别人身上，注定将一事无成。

机会包含在每个人的人格之中，正如未来的橡树包含在橡树的果实里一样。"我没有机会"，这位生长在穷乡僻壤里的孩子，怎会进了白宫，成了美国总统？而那些生长在有图书馆和学校环境中的孩子，其成就反不如茅舍里的苦孩子，这又如何解释呢？

再看看你的周围，那些大老板、大商人又有多少是从贫穷走向富裕的？他们之中的许多人正是因为贫穷而发奋努力，从而改变了人生境遇。在这当中，又有许多是由那些"没有机会"的孩子们靠着自己的努力而取得的。

因此，"我没有机会"，只是成就不足者的推诿之辞。无论做什么事，不要认为等待与妄想会带来机会，还需要不懈努力去创造机会，才有成功的希望。

要想有所成就，就必须勇敢地行动，而行动的第一步是最为珍贵的，只要有了第一步，并且坚持下去，一切困难就不在话下了。

"我想去学电脑，可是我没有时间。"

"我想去学英语，可是我的年纪太大了。"

"我想去……"

每天，这样的话都被我们重复着，结果时间像流水一样过去了，我们却什么都没有做成。是我们不够聪明，还是我们真的忙得没有时间去实现我们的想法？都不是，是因为我们不敢迈出那可贵的第一步。

人生的道路是一步一个脚印走出来的。无论是不是伟大的事情，唯有去行动，才有成功的希望。行动就是去辛劳你的身体，引发你的思想，致力于你要完成的事情上。在所有的行动中，第一步是最难的，而正是因其难，也才是最可贵的。

即使觉得某一件事情已经到了非做不可的地步，但是往往因为时间的流逝，被遗忘在角落中，到最后，我们什么都没有做。因此要学会自己迈开第一步，要知道世界上的任何成功都不会自己跑向我们，我们必须行动。

第一步是可贵的，只要我们迈出了第一步，那么接下来的便是不停地奔跑，就像运动员的赛跑，早晚都会跑到终点。

3. 抢先一步，先下手为强

> 如果早起的那只鸟没有吃到虫子，那就会被别的鸟吃掉。
>
> ——马云

这个世界上永恒的只有时间，所以从某种意义上来说竞争的实质就是时间的竞争。如果你能抢先一步，那么你就是强者了。

在现在的职场中，有一大部分年轻人不肯安于现状但又没有勇气去自己创业，这其中听到最多的理由就是："现在还没钱。"

作为互联网业内的明星级创业家马云，我们在回顾其三次创业的经历时会发现，他在创业初期并没有雄厚的资金支撑。不过，他与别人不同的地方就是，一旦有了好的想法，就会马上采取行动。马云的经历告诉我们：没钱，同样可以创出一番伟大的事业。下面我们来回顾一下他三次"没钱"的创业经历。

马云的第一次创业是创办了海博翻译社。之所以要创办翻译社就是因为马云看到了改革开放后，大量的外贸公司涌入中国带动了海量的外语翻译需求。而且，在当时杭州并没有一家专业的翻译机构。

马云看准了机会后就马上开始行动了。1992 年，马云当时还是杭州电子工业学院的一名青年教师,工作了四年,每个月的工资还不到100元。以马云当时的经济环境来看,钱并没有成为阻碍他创业的拦路虎。他找了几个合作伙伴一起,风风火火地成立了杭州第一家专业的翻译机构。

创业伊始,举步维艰。第一个月,翻译社的全部收入才700元,而当时每个月的房租就是2400元。翻译社的前三年基本就是靠着马云推销一些礼品等来维持生存。直到1995年,翻译社才开始实现赢利。现在,海博翻译社已经成为杭州最大的专业翻译机构,虽然不能跟如今的阿里巴巴相提并论,但它却在马云的创业经历中,写下了重重的一笔。

第二次创业就是马云创办的中国黄页。这次创业,马云仍然没有什么钱,所有的家当也只有6000元。于是,马云变卖了海博翻译社的办公家具,跟亲戚朋友四处借钱,勉强凑够了8万元,再加上两个朋友的投资,一共是10万元。对于一家网络公司来说,10万元的启动资金确实太单薄了。

其实,对于中国黄页来说,创办初期,资金的确是最大的问题。由于开支大,业务又少,在最凄惨的时候,公司银行账户上只有200元现金。但马云愣是在这样的境遇下,克服了种种困难,把营业额从零做到了几百万元。

第三次创业就是在港交所上市创下200亿美元交易记录的阿里巴巴。很难想象,现在如日中天的阿里巴巴集团,创业初期的启动资金只有50万元,而且还是当时的"十八罗汉"东拼西借凑起来的。

马云的这三次创业历程足以证明,其实资金并不是创业的最大障碍。只要坚持梦想,有勇气和决心就一定能够成就一份伟大的事业。

2002年9月底,正在德国考察的天津市技术改造办公室的同志从一位来访的德国朋友那里得知,有家"能达普"摩托车厂倒闭了。我方立即向该厂表示:我们准备买下这个厂,但需回国后研究确定,一周之内,必有回言。与此同时,印度、伊朗等几个国家的商人也准备购买该厂。

回国后,天津市政府领导拍板决定全部购买"能达普"厂的设备和技术,并立即通知德方。随即组成专家团,准备赴德进行全面技术考察,商谈购买事宜。就在这时,联系人从德国发来急电:伊朗人抢先一步,已签署了购买"能达普"的合同,合同上规定付款期限为10月24日,如果24日下午3时,伊朗汇款不到,合同便告失效。

事情有点猝不及防。天津市领导分析了整个情况后认为,国际贸易竞争中也存在偶然因素,虽然伊朗商人在签定合同方面抢先,但能否付款尚属悬案。如果伊朗方面逾期付款,我方还有争取主动的机会。10月22日上午10时,天津市做出决定,立即派团出国,从伊朗人手中抢回这条生产线。代表团用了11个小时办完了当天的出国手续,10月23日,飞到了慕尼黑,立即与德方联系。10月24日下午3时,当打听到伊朗方面款项尚未到的消息时,中国代表成员立即奔赴"能达普"摩托车厂。中国人的突然出现,德方人员甚感吃惊。慕尼黑市债权委员会主管倒闭企业事务的米勒先生面带笑容地接待了中国代表团。他说:"伊朗商人因来不及筹款已提出延期合同的要求。如果你们要购买,请现在就谈判签订合同。"原来,债权委员会已规定,"能达普"的财产必须于10月30日前出售完毕,以保证债权人的利益。如果逾期,将被迫拍卖,就是把全部固定资产拆散零卖,不仅使厂方蒙受巨大经济损失,而且也会使这个拥有六十七年历史品牌的工厂化为乌有。我方意识到对方急于出卖的迫切心理，但又不能干闭着眼睛买外国设备的蠢事。经过几个回合的交涉，终于达成了中国专家先进行全面技术考察后再谈判的协议。

25日早晨，中国专家来到"能达普"厂，对全厂的设备、机械性能、工艺流程进行全面考察，最终结论是：该厂设备先进，买下全部设备非常合算。25日下午2时整，合同谈判在中国专家驻地正式举行。经过紧张的讨价还价，在次日凌晨签订了合同。天津专家团以1600万马克（折合500多万美元）的价格，买下了"能达普"厂的2229台设备和全套技术软件。后来得知，这个价格比伊朗商人所要支付的价格低200万马克，比另一些竞争对手准备支付的价格低500万马克。

做事就是这样，如果你不下手，别人就会抢先一步，想把事情做好，就得先下手为强，把办事的主动权握在自己手里。

4. 想一千次，不如去做一次

> 自从我考过青艺之后，我就忽然间明白，人生之中不管是什么事情，什么角色，都得勇敢地去试。去试了，也许就会有各种机会等着你；如果不去试，那肯定就一点机会也没有。
>
> ——孙红雷

相信大多数的年轻人，在刚开始的时候都拥有很远大的理想，但因缺乏立即行动的个性，衍生了种种消极与不可能的思想，甚至于就此不敢再存任何理想而过着随遇而安、乐天知命的平庸生活。这也是为何成功者总是占少数的原因。你是否真心愿意在此刻为了自己的理想，下定追求到底的决心，并且马上展开行动呢？

苦难是一种财富，对于多数人而言，可能不过是一种矫情，但对于孙红雷来说却是真实的体会。孙红雷的路就是这样磕磕绊绊起步的。在那个俊男美女横行娱乐圈的时代，孙红雷没有任何资本。作为一个演员，没人用你，这是致命的。但孙红雷偏偏就不信这个邪，没有角色让我演，那我就去"抢"。电视剧《永不瞑目》是孙红雷参演的第一部电视剧，只有67场戏的打手建军就是他从导演赵宝刚手里"抢"来的。当时去试戏，赵宝刚瞟了他一眼就说:"不行,长得太忠厚。"孙红雷不甘心,径直走到正在导戏的赵宝刚身边说:"你不用我会后悔的。"赵宝刚吓了一跳,在重新审视了这个"愣头青"后,勉强同意让他试镜。多年后,已经成名的孙红雷才知道,很多人都记得建军。"我终于明白,角色有大小,但演员没有。孙红雷是一个演员,只要你认认真真地演,一定有人看得到。"

1999年,张艺谋拍摄电影《我的父亲母亲》。本想借张艺谋改变现状的孙红雷看完剧本后非常失望:"我红不了。"张艺谋坦诚地说:"这部戏火不火跟你没一点儿关系,和你配戏的都是非职业演员,只有你一人是演员。如果这部戏演完了,大街上有人认出你,找你签名,你就失败了。如果大家认不出你来,觉得你就是这村里的农民,那你就成功了。"结果证明,孙红雷"成功"了——《我的父亲母亲》公映至今,几乎没有人记得他在片中出演过角色。孙红雷至今仍认为,《我的父亲母亲》中的生子是他演得最好的角色。

25岁才考上中戏,起步已经比别人晚的孙红雷尝尽了人间冷暖,自然也就在等待成功的时刻显得分外从容。从电视剧《像雾像雨又像风》中的深情寡言,到电视剧《大工匠》中的耿直刚硬;从电视剧《征服》中的狡猾专横,到电影《七剑》中的阴郁狠辣;从电视剧《刀锋1937》中的爱恨分明,到电视剧《半路夫妻》中的玩世不恭却重情重义,直到《梅兰芳》中的疯魔邱如白,孙红雷诠释了不同的角色,演技日臻成熟。在《潜伏》中,他完全收敛了以往的极致张扬,变成了谨小慎微、深藏不露的谍报人员,让人对他充满了意外的惊喜。果然《潜伏》火了,孙红雷更红了。十年辗转,孙红雷尝尽了酸甜苦辣,而到现在,因为自己的坚持,他的演艺之路走得越来越宽。而这一切成功的背后是一点一滴不为人知的倾力付出。

在所有人都不看好他的时候，他却依然可以成功，这是为什么？这就是"做到"的力量。

当一个人想要做一件事情的时候，若他只是去想，而不是去做，那么无论这个人有多好的天赋，无论他有怎么深厚的背景，最终都是难以做到，或者难以做到更好。

就好像经常有人说，这世上有这么多"富二代"和有背景的人，让普通人可怎么活。但恰恰就是因为富二代的家世过好，他们总以为自己想要的都能得到而不去做，所以他们能够达到的高度反而是有限的。

普通人却不同。谢娜在成功之前是一个普通人，张杰在成功之前也是一个普通人。他们因为没有背景，所以才会勤奋。他们因为没有天赋，才会在自己的某个特长领域里拼命下功夫。他们因为卑微，所以才会抓住一个机会就全力以赴地去做。

所谓的知行合一，就是这么简单，当你想要做成一件事情的时候，就用你的全部去做，用你的整个生命去做，这样，自然就会成功。

但为什么有那么多的小人物却不能成功呢？因为他们过分地在乎听到的声音，而忽视了自己的力量。许多人往往是这样，当他们定下一个目标后，就会广而告之，对身边的所有人说，并问这些人自己能不能做到。当然有人会鼓励，但同样也有人会贬低，会不看好，甚至是大加斥责。最后一圈问下来，所有努力奋斗的心都淡了，他们会想，反正我也做不到，那还不如别做了。

不开始，又怎么可能成功呢？

想当年，谢娜说要当主持人，所有人都不相信，但她做到了；几年后，谢娜说要当演员，所有人都不相信，但她又做到了；再几年后，谢娜说要当歌手，所有人都不相信，但她同样做到了；最后，她说要和张杰恋爱结婚，所有人更加不相信，但她依然做到了。所以，重要的并不是别人信不信你，而是你有没有做到。

有一个幽默大师曾说："每天最大的困难是离开温暖的被窝走到冰冷的房间。"

他说得没错。当你躺在床上认为起床是件不愉快的事时，它就真的变成一件困难的事了。即使那么简单的起床动作，即把棉被掀开，同时把脚伸到地上的自动反应，都可以击退你的决心。

大有作为的人都不会等到精神好的时候才去做事，而是推动自己的精神去做事。

如果你时时想到"现在"，就会完成许多事情；如果常想"将来有一天"或"将来什么时候"，那就一事无成。

5. 抓住机遇，果断出击

> 对于我来说，每次当我被击倒时，我会尝试再站起来重新开始，我不喜欢放弃，我很固执。圣经也讲到很多有关神如何用困难的环境来引导我们更亲近他。
>
> ——林书豪

机遇对于每一个年轻人都是公平的，成功者与失败者的一大区别就是看你是否对潜在的机遇有敏锐的眼光，以及你能否抓住机遇。当机会出现在你面前的时候，你要在第一时间反应过来，然后果断出手，不要等到机会失去，或者被别人抢走了才追悔莫及。

2012年，林书豪在纽约爆发，开创了NBA的"林疯狂"时代。

林书豪带领下的纽约尼克斯队取得了10胜3负的骄人战绩。当时，尼克斯队中有太多的伤病。拜伦·戴维斯有伤在身，安东尼也伤了，小斯因为哥哥的葬礼也不得不离队。林书豪最大限度地利用了这次机会。

2011年12月27日，因为后卫伊曼·香珀特的受伤，以及刚刚签下的后卫拜伦·戴维斯也在伤病中且有数周没有打球，纽约尼克斯队宣布签下被火箭队裁掉的林书豪，作为托尼·道格拉斯及迈克·毕比的替补。

2012年2月4日，在一场99-92战胜新泽西网队的比赛中，林书豪得到25分，5个篮板及7次助攻——创生涯新高。在中场休息时间，队友卡梅隆·安东尼向主教练迈克·德安东尼建议，下半场林书豪应该获得更多的出场时间。比赛结束后，德安东尼说林书豪拥有作为控球后卫的智力，并且"有自己的节奏和自己的原因知道自己怎么做"。随后在对阵犹他爵士队的比赛中，在缺少明星卡梅隆·安东尼的情况下，林书豪篮球生涯中第一次作为首发出场，正是如此，林书豪抓住了这次机会。他得到28分并送出8次助攻，带领尼克斯99-88战胜对手，并逐渐被大家熟知。

成功需要机遇，机遇却不常常降临，它像凤毛麟角，稀罕至极。翻开人类奋斗的史册，我们可以看到，有的人因为抓住了机遇而"柳暗花明又一村"，摘取了成功的桂冠；有的人因为与机遇擦肩而过而"山穷水尽疑无路"，错过机遇常令人抱憾终生。

周朝时候有这样一个故事：

有一位老先生，一辈子孜孜不倦，勤奋努力，但是他一直没有碰上被提拔做官的机会。后来，他到了白发苍苍的暮年，想起自己年事已高错过了做官的好时机，便站在路旁哭泣。路人得知他伤心的原因后就问："你为什么一次都没有被提拔呢？"老先生边流泪边回答："我年轻时学习做文官，文官方面的修养已经具备，刚要准备做官时，皇帝却喜欢任用老年人。后来，皇帝死了，后主又喜欢用武将，我只好改学武官，当武官的标准基本达到时，后主又死了。少主刚刚即位，却又喜欢年轻人，可我的年龄又老了。所以，我都没有碰到被提拔任用做官的机遇啊！"

这个老人"年老白首，泣涕于途"的故事可以印证一句话："过了这个村，就没了这个店。"老人在形势的后面亦步亦趋，总是等待机遇，又总是浪费掉机遇，所以他无法以自己的才华和努力改变命运。这句古话道出了把握住机遇的必要性和紧迫性。

机遇是名，机遇也是利。能不能获得名利，就要看你善不善于抓住机遇了。

1981年，英国王子查尔斯和戴安娜要在伦敦举行耗资10亿英镑、轰动全世界的婚礼。

消息传开，伦敦城内及英国各地很多工商企业，都绞尽脑汁想利用这一千载难逢的发财机遇。有的在糖盒上印上王子和王妃的照片，有的在各式服装染印上王子和王妃结婚时的图案。但在诸多的经营者中，谁也没想过要销售"望远镜"。

有一位老板想，现在人们最需要的东西就是最赚钱的东西，一定要找出人们最需要的东西。在举行盛典的那天，要有百万以上的人观看，将有一多半人由于距离远，而无法一睹王妃的尊容和典礼盛况。这些人那时最需要的不是购买一枚纪念章或买一盒印有王子和王妃照片的糖，而是一副能使他们看清人和景物的望远镜。于是他突击生产了几十万副马粪纸和放大镜片制成的简易望远镜。

那一天，正当成千上万的人由于距离太远看不清王妃的丽容和典礼盛况、急得抓耳挠腮时，千百个卖童突然出现在人群中，高声喊道："卖望远镜了，一英镑一个！请用一英镑看婚礼盛典！"顷刻间，几十万副望远镜被抢购一空。不用说，这位老板发了笔大财！

机遇对任何人都是平等、公正的。就看谁抓得准、用得好。其实，在这个事例中，众多的英国工商业企业也不是没抓准机遇，只是不如生产简易望远镜的那位老板机遇抓得准罢了。说到底还是那位老板比别人研究得更细、更深一层，他看准了那一天人们最大的需求、最需要的东西——望远镜。

要抓住机遇，获得成功，不仅需要善于利用他人的成果，进行创造性的劳动，也要经常总结和反省个人的经验和教训，发挥自己的想象力和创造力。

6. 你别走到一半，就不走了

> 你曾经说过一句话，你这辈子就照着这句话去做。
>
> ——吴秀波

年轻人都渴望成功，人人都想得到成功的秘诀，然而成功并非唾手可得。我们常常忘记，即使最简单的事，如果不能坚持下去，成功的大门也不会轻易地开启。除了坚持不懈，成功并没有其他秘诀。

明朝杨梦衮说："作之不止，可以胜天。止之不作，犹如画饼。"这句话告诉我们坚持下去的道理：世上的事，只要不断努力去做，就能战胜一切，取得成功。但如果停下来不做，那就会和画饼充饥一样，永远达不到目的。

我们常有"为山九仞，功亏一篑"的遗憾，正是因为成功在距我们一步之遥时，我们放弃了努力。浅尝辄止，遇难就退，是做事的大忌，也是人生失败的致命原因。

2002年，吴秀波还是一家公司的歌手。有一天，公司为他联系了上海的一家电台，宣传新单曲《五月战争》，他喜出望外。公司说对方不负担费用，他说：我自己掏吧。当时，他的妻子有孕在身，银行户头上的存款几近为零。30岁之前在中铁文工团参加表演，因为常常白天胡吃海喝睡觉，晚上去夜总会走穴，最后吴秀波不得不辞了职。辞职后，经过商，也参加过谷建芬的声乐学习班，跟所有渴望梦想成真的无名艺人一样，不管是不是机会，他都不敢怠慢。

电台节目平淡无奇，节目录制结束之后的一天，吴秀波偶遇朋友刘蓓。刘蓓请他吃了一顿饭，花了七百多。这个价钱对当时囊中羞涩的吴秀波来说，算是天价。

这时，公司又给他联系了一家电视台的综艺栏目，人家不一定给录，但吴秀波还是决定去碰碰运气，刘蓓说："那我跟你一起去听你录歌吧。"

刘蓓当时已经是很红的影视明星。来到演播室后，主持人冲吴秀波丢下一句"等着吧，最后录你"就走开了。然而眼尖的工作人员发现了刘蓓，当主持人再度出现时，那副笑脸让吴秀波至今难忘。"海波？"主持人叫他。"我叫吴秀波。""哦秀波秀波，"主持人尴尬一笑，"跟刘大腕说说，让她上我们节目，5万！"这是一个令吴秀波心情复杂的数字。硬着头皮，他走到刘蓓面前，刘蓓拒绝了："我是来听朋友录歌的，不是来上节目的。"

音乐再度响起时，吴秀波唱起了自己的《五月战争》："在每个黑黑孤单的夜里，受伤的总是自己，我终于做了一个决定，向你举起我珍藏的白旗……"那一刻，这些歌词像刀子一样，扎进了他的心里。就是在那时，他决定：放弃唱歌。

吴秀波重新回归了演员的职业。虽然吴秀波的第二次演员生涯戏约不多，重量级角色也很少，但他这回是把每次拍戏都当作表演的末日去斗争。

出演《蓝色较量》，因为太胖，他开始减肥。每天只吃黄瓜和西红柿或蔬菜蘸酱，做 200 个俯卧撑、200 个仰卧起坐、10 公里长跑、3000 米游泳。一个多月下来，他瘦了整整 32 斤。

减肥成功之后，新的片约上门，饰演《立案侦查》男一号雷鸣。为他配戏的阵容明星云集：刘蓓、傅彪、刘金山……这样的演员班底，让吴秀波丝毫不怀疑：拍完这部戏，肯定就火了！结果，他等来的消息是：《立案侦查》没有卖出去！

其实这也罢了，更艰难的是拍电视剧《兄弟门》，这个戏开机时，他手里甚至没有完整的剧本，拿到的"几乎是 26 集的故事大纲"。当时他还在拍一个港台的动作戏，两个组不停奔波，强度最大时，他十几天没有睡过囫囵觉。雪上加霜的是，在那期间他的父亲去世，而两个剧组竟都没有在第一时间给他假期。

"演员这个工作太艰辛，艰辛到我每天拍完戏回到房间洗澡的时候，都泪流不止。"但是，尽管这样说，他却依旧坚持着。直到《黎明之前》，他红了。这种红仿佛寒冬里经过霜打的柿子，一夜之间累累地挂在萧索的枝头。瞬间，他超越了一线明星的概念，成了与陈道明相提并论的人。

现在的吴秀波，作为当红演员，无论热闹有多大，他仍旧清淡寡言。对他而言，所有的荣誉都只是持续工作的结果，成功也无非因为无悔的专注。所以他才有这样的话：

人生就是自我耕种的过程，每一天也许都是最后一天，收了一茬儿又种一茬，我们需要做的是把工作安好地放进生命。

有一个人，想在自己的田地里挖一口井，用来浇灌农作物，于是他请来了会看水线的地理先生，先生为他指定了一个位置，他便在那个位置不停地往下挖，可挖了很长时间都没有冒上水来。他去找那个地理先生询问，地理先生说这里地下水的水位低，让他继续挖，他却不听地理先生的话，又选了另一个地方挖，他总觉得出水的地方在别处，结果几乎挖遍了整块地，也没挖出一口出水的井。

任何目标的实现，都需要你一点一滴的付出，持之以恒的坚持。这种付出和坚持的过程可能很累，但如果你坚持下来，就是成功；如果你无法坚持，就会像那个挖井人那样，快挖到水位时，又弃之而去，那么成功的可能性就很小。

成功只有两条秘诀：第一，坚持到底，绝不放弃，绝不认输；第二，当你想要放弃时，就回过头来看看第一条。

你知道石匠是怎么敲开一块大石头的吗？

石匠所拥有的工具只不过是一个小铁锤和一支小凿子，可是大石头却硬得很。当他举起锤子重重地敲下第一击时，没有敲下一块碎片，甚至连一丝凿痕都没有，可是他并不在意，继续举起锤子一下又一下地敲，一百下、两百下、三百下，大石头上依然没出现任何裂痕。

可是石匠没懈怠，举起锤子继续重重地敲下去，路过的人看他如此卖力而不见成效却还继续硬干，不免窃窃私语，甚至有些人还笑他傻。可是石匠并未理会，他知道虽然当下所做的无法立即看到成效，但那并非表示没有进展。

他又挑了大石头的另一个地方敲，一锤又一锤，也不知道是敲到第五百下还是第七百下，或者是第一千零几下，终于看到了成效，这一次不是只敲下一块碎片，而是整块大石头裂成了两半。

难道说是他最后那一击，使得这块石头裂开的吗？当然不是，而是他一而再、再而三连续敲击的结果。

如果我们能时刻保持不断努力实现目标的决心,有如那把小铁锤,一直不停地敲着,就能敲碎一切横在成功旅途上的巨大石块。凡是成功地将愿望变为现实的人,都有一种百折不挠、勇于进取的毅力,这是一切成功之源。

第五章
你可以轻视我们的年轻,我们会证明这是谁的时代

1. 我还很年轻，还富有激情

> 趁我们还年轻，大家要为我和自己，好好地，快乐地活着！并分享我们的爱和包容给身边的人！
>
> ——范晓萱

学生喜欢听热情洋溢的老师讲课，相应地，员工都喜欢选择那些有理想、有愿景、有激情的领导，跟随精力充沛且高度投入的领导一起行动，这样员工也更容易被诚恳执着的领导感染。

18岁那年，范晓萱样貌既标致又精灵、打扮趣致，与今时今日很潮的cosplay简直毫无二样，她演唱的日本卡通主题曲《健康歌》《你的甜蜜》《雪人》，更是街知巷闻，男女老少通杀。峰回路转，形象健康乖巧的范晓萱，并未慢慢走向成熟，而是像和过去决裂一样，忽然变身叛逆少女，大兵头、文身、唇钉出现在她的身上。对此，当时她的绝大部分歌迷都表达了抗拒，市场反响急剧下滑，她的形象一落千丈跌至谷底。那是一条不归路，尽管她冲撞得头破血流，但终于冲出去了，就像是雏凤凌空。对于范晓萱转型的成功，无论是歌迷还是圈内好友，皆历历在目。

21世纪的摇滚歌迷，不晓得是否还记得起詹妮斯·乔普林？这位20世纪60年代的迷幻女王，曾以其自信、性感、直率、嘶哑，甚至邋遢肮脏的方式及触电般的舞台表演，征服了亿万观众，迄今为止，无人能及。"詹妮斯·乔普林是我最欣赏的女歌手，第一次听了她的歌，让我明白什么才是用心唱歌。身体的每个部分是她感情表达的舞台，她让我敬佩。"这是范晓萱在一次访谈节目中的剖白。

回顾这些年，《健康歌》叫好叫座后，她剪寸头唱《Darling》《我要我们在一起》夺得金曲奖最佳国语专辑，之后决绝地告别主流唱片公司，开始做独立音乐《绝世名伶》《福禄寿》。《绝世名伶》的音乐定位获得肯定，她却备受抑郁症煎熬，诞生了一张冷调的《还有别的办法吗》。当终于在众多独立女声中独当一面，她又不满了，开始组乐队玩摇滚——范晓萱总是在某个音乐方向上一有起色，接下来就一定是自我颠覆。

除了音乐以外，见证范晓萱成长的，还包括她在自己身体上的种种改变。从那时起，她开始疯狂迷上刺青和穿环，她身体上越来越密的刺青，以及耳朵和双唇周围越来越多的洞，包括那颗向梦露致敬的"美人痣"唇环，都让不少人难以接受。

"我完全不觉得自己叛逆，其实我是很乖的，"范晓萱笑着说，"那是他们的标准，我不予置评。重要的是，我做了这些事情，我还是不是一个好人？我有没有在我的工作上面尽责？我是不是有礼貌？我是不是善良的？那才是重要的。叛不叛逆不重要，重要的是我还是不是个好人。我还很年轻，有的是激情。"

面朝歌迷，才能春暖花开；也只有陈规尽破，颠覆以往，才能勇往直前。与小魔女时代决裂的范晓萱，为华语歌坛做出了最好的榜样。

怀有激情的人总是面对朝阳，远离黑暗。因而，他们不仅性格光辉灿烂，而且命运也是铺满阳光，即使是危难之时，他们也总是转危为安。因为不仅命运之神青睐他们，人们也愿意把友谊奉送给感染自己的人。激情像是真善美的使者，而热情的人就像一只吉祥的鸟儿，传递给人间幸运的福音。

热忱可以改变一个人对他人、对工作乃至对整个世界的态度。

玫琳凯用自己的名字创建了国际知名的化妆品公司。她给人的印象总是那么精力旺盛，充满自信，说起话来思路清晰，口齿伶俐。说起工作激情，她侃侃而谈，在谈到领导方法时她说，拥有热情，并点燃员工的热情是她成功所在。玫琳凯的经营理念是：热情使人成功。如果企业内部大家都具备热情，那企业的内部的工作环境将十分和谐，这种热情能带给大家一种积极向上的工作环境，处于这个环境中的人都积极向上，那么他们的工作效率会更高，利益就接踵而来，企业也就蒸蒸日上。

在工作中要尽量创造条件让自己快乐，让工作快乐，从而保持高昂的工作热情。如果能把大家集合到一起，通过热情的传递，提高大家的士气，即积极性，便可以实现既定的目标。

2. 有自己的想法和主意

> 我是你转身就忘的路人甲，凭什么陪你蹉跎年华到天涯？
>
> ——王珞丹

没有思想，没有主见的年轻人在生活中很容易吃亏上当，在工作中不容易做出成果，因为这样的人永远都是"任人摆布"，你说什么，我做什么；你说怎么做，我就怎么做；你说不做，我就不做。不知不觉就把自己的一生交付给了别人。要知道，成功的人都是善于摆布"别人，而不是被别人"摆布"的人。

2004年，王珞丹以配角身份进了一个剧组，没自己的戏份时，她就拉着一个演员回休息处聊天去了。制片主任为此大发雷霆："那么大的腕儿都在现场待着，你们有什么资格待在车上！"王珞丹的犟脾气一下上来了："腕儿待在现场因为场场都是她的戏，后面两场都没我的戏，我为什么不能休息一下？"谈起往事，王珞丹仍然坚持自我："可能有人觉得我特别嘚瑟，但作为新人，我希望受到的待遇是平等的。也许慢慢地，我会磨掉一些棱角，但本质上绝对不会变。"

她的"嘚瑟"还表现在接戏非常"挑食"。名演员"挑食"证明自己的身价，那是"范儿"，而她只是个小人物。她的理论是："一个角色红不红只有天知道，既然如此，我干吗不挑自己喜欢的？只有演喜欢的角色才有冲动，才能演得好。"为此，她差点与《奋斗》失之交臂。

当初赵宝刚导演为《奋斗》选角儿时，找到王珞丹，说看过她演的海岩剧《阳光像花一样绽放》里的"单娟"，《奋斗》有一角色露露是个很酷很拽的女孩，气质相似。不料被王珞丹一口回绝："我不想演与之前类似的角色，没法再超越。"她说想演米莱。赵宝刚问："是不是不让你演米莱，你就不演了？""是。"王珞丹毫不犹豫。

朋友们都问王珞丹是不是"脑袋被门挤坏了""那可是赵宝刚啊，和他合作太容易出名了，先合作以后再挑角色啊"。

不料第二天电话就来了，赵宝刚同意她演米莱。为了配合王珞丹的容貌气质，他还不惜修改了剧本。按当初的设想，米莱该是个白皙丰腴的女孩，以证明家里阔绰有余粮，而王珞丹又瘦又黑，全然不像。所以只好把米莱的爸爸从文雅儒商改成了做建材生意的土大款。

看过《奋斗》的观众没有不喜欢米莱的，赵宝刚也发现了这姑娘的可塑性，便在《我的青春谁做主》筹拍的第一时间联络了王珞丹，她"挑食"的老毛病又犯了："小样这角色太闹了，我怕观众接受不了。"当时她手上有5个剧本，不知如何选择，就列了一张表格评分，"好导演加10分，好的演员阵容加10分，好的播出平台加10分，片酬加10分……结果，还是赵导的戏以总分70胜出"。

拍赵宝刚的戏是很有压力的，"拍戏时赵导几乎不夸我"，看别人的戏，赵导会乐，看她的戏，则一直很严肃，甚至发脾气。一次，赵导好不容易乐了，王珞丹却哭了，"得到他的肯定，对我来说太难了"。

有一场她在车上高唱《北京的金山上》的戏拍了好几天，唱了上千遍。赵导事后解释说："王珞丹像个皮球，压得越低，弹得越高。"

两部青春励志剧的热播，让王珞丹成了新一代青春偶像。有一次她跟朋友吃涮锅，穿得很随意，素面朝天的，正蹲在凳子上甩开腮帮子大吃，有人拍她肩膀，一回头，那人惊呼："真的是米莱！"当时她特不好意思："还好这时代崇尚个性，我这么嘚瑟的人才有机会施展。"

自己的事情要敢于自己做决定。可能你会说，我也想自己拿主意，有自己的主见，可是我真的很害怕选择失误，怕做错事，那样的话，还不如听别人的意见呢。别人的意见能让你全方位、客观地认识问题，采纳他人建议也未尝不是一件好事。只不过，如果每次一遇到事情就依赖别人，自己主动放弃发言权和决策权，久而久之，你就会变成一个没有主见、受别人意见摆布自己命运的人。

要做一个自己拿主意的人，其实很简单，如果你尝试做到下面这些，你就会得到改变。

（1）相信自己能做好决定。主见，其实是一种相信自己能力和自己选择的自信心理。一个人自己都不相信自己的时候，很容易被别人一句话打倒，害怕做出错误的判断和决定，所以让别人去决定。有时候，你之所以不相信自己的能力，是因为你太相信别人的能力。其实，只要你按自己的想法做了，不一定会比别人差。

（2）有独立思考和判断的能力。养成自己思考的习惯，不要随意附和别人，别人的意见只能供你参考。我身边有一些比较懒惰的年轻人，不爱思考，有问题就直接上Google、百度，找不出参考资料就写不出文章，没有参考答案就做不出决定。因为不想费神思考，久而久之，就形成了一种依赖思想。这时候，别人的思想不仅没有帮到你，反而限制了你的思维。除此之外，也不要让自己的思想受到习惯思维模式的束缚。

（3）大胆地承担失败的后果。很多人之所以没有主见，并不是他能力不够，而是他害怕承担失败的责任，做事患得患失。他们往往抱有这样的心理：与其做了错误的决定后遭人指责，还不如开始就让贤。可能有很多事你做得不如别人好，这没关系，只要你认真做了，只要你比昨天做得好，就该为自己喝彩，为自己加油鼓掌。否则，你永远体会不到成功后的喜悦。

其实，你的一生，除了自己，谁也不能为你负责。

3. 性格决定命运，气度影响格局

> 花瓶吗？很好啊，这也是对外表的一种肯定方式，我会把它看作赞美，再说声谢谢。当然，如果你真的对这只花瓶有兴趣，随着时间的推移，你会看到真实的我。
>
> ——林志玲

性格决定命运，气度影响格局。

人必须有气度，要有从低处做起的精神，要学会放低自己的姿态，不要总是觉得自己很重要，而要学会让别人感受到他们是相当重要的。

一次节目中，何炅问林志玲："如果有富商以500万元出场费，邀请你共进晚餐，是私人的晚餐，你会如何应对这个邀约？"林志玲语气诚挚却又出人意料地回答："我会参加的，然后把这500万元捐出去。"其实，没有几个一线女星可以这样举重若轻地回答这种问题，一般是闪烁其词或者恼羞成怒，或者很假很主旋律地表明自己多么出淤泥而不染，而林小姐的回答，是可爱的，其实也足以见识到其力量与风度。

如果一个女人撒娇或者娇媚，也能见风度，那么她一定有强大的内心修炼。

林志玲代言的广告一个接一个，并创下许多经典广告名言，包括"人家才不会忘记你呢""不要再给我打分数",以及"我不是弱女生""谢谢你爱我"等。据说,为了再创"新口头禅"风潮,配上林志玲光是说出"谢谢你爱我"这5个字,就用了10种以上的腔调,10种以上的甜美表情。她是丰富的,她的美丽或者性感是层出不穷的,是富饶且有质感的,不是一般人把"我"换成"人家"就可以有她那样的味道与气韵。

林志玲总是谦和而亲切。她出席某活动,和几百名记者、经销商在酒店用餐。席间,她端着酒杯从包房走过来,热情地向每一个人打招呼、问好。不少人要求和她合影,她来者不拒,还特意俯下身和大家拍照,配合每个人的要求。至今,她仍然保持着这种姿态,即使被人称为花瓶,她也答道:"很好啊,这也是一种肯定方式,我会把它看作赞美。"她内心的光辉,让她更懂得正面去看待所有的声音。

要想更快地磨砺自己,其实最好的办法就是从最低处开始。

年轻人成事必须有人帮助才能成,现在分工如此明确,没有人帮助是万万不行的。人们必须养成重视周围人的习惯。只有从小养成放低姿态的习惯,能够和大家和睦相处,而且能够取信于人,日后才有所作为。

历史上,袁绍手下的人才是相当多的,但是袁绍刚愎自用,不知道如何用好这些人才,最终这些人才不是死在他手上,就是投降了曹操。以田丰为例,田丰的策划功底绝对不比贾诩和郭嘉差,但却出于直言劝谏,结果死在袁绍手中。田丰被杀恰恰说明了像袁绍这样自以为是的人有三大致命弱点。

弱点一:过分地相信自己,自以为是。袁绍不听从田丰的劝谏,坚持出兵讨伐曹操。他认为自己的兵力比曹操多,自然战斗力也比曹操强,殊不知曹操经过多年的征战已经具备很强的战斗力，而且手下武将如云、谋臣如雨。

弱点二：喜欢做表面文章。正如田丰所说：如果袁绍打了胜仗，也许还能放过自己；一旦打了败仗，自己肯定死无葬身之地。结果确实如他所料。

弱点三：容易轻信别人的谗言，喜欢猜忌。袁绍一听到别人说田丰在狱中笑他，不经核实就让人把田丰给杀掉了。自以为是的人总是害怕别人嘲笑他，因此也给了小人进献谗言的机会。

生活中像袁绍这样的人不在少数。他们自以为是，自以为自己无所不能，人才为其所做之事只是锦上添花，而不是打好基石；他们喜欢做表面文章，摆出自己对人才无比重视的高姿态，其实质是让人才按照自己部署好的一切贯彻下去；他们过于猜忌，对人才并不放心，也不会允许人才过分优秀，担心功高盖主。他们所进行的事业本身就是为了获得一种虚荣，这种人可能会成功，但绝对不会有大的成功。正像袁绍一样，能成为一方诸侯，但是很难统一天下。

4. 适应变化，与时代同行

> 我就是一个女孩，从来就没有完成向女人的转变。
> 我洒脱来去，不问江湖，让暴风雨来得再猛烈些吧！
>
> ——周迅

俗话说得好：人生如逆水行舟，不进则退。一个人不能跟上时代的步伐，势必被人类进步的潮流淹没。

几年前，杨澜问周迅："你觉得自己完成了一个女孩子向女人的转变了吗？"她说："没有，我就是个女孩。"不过，过去的这几年，这个女孩正在用行动给出另外一个答案。

2011年9月，资生堂中国事业30周年庆典举行，周迅作为"成就梦想育才计划"的形象代言人兼评委，面对追逐梦想的选手们，她给出最中肯的建议是："不管成功与否，都要以最快的速度回到简单。"这当然不是一个不谙世事的女孩能说出来的话，但却是周迅拍了19年电影所悟出的真谛。

"我有越来越多的机会看到很多有创意的好东西，选择甚至多到你不知道到底要干吗。比如我去店里买衣服，那么多新款的衣服我不知道自己喜欢哪件。我不知道这算不算是一种迷失。"周迅说，电影曾经让她不得不以最快的速度面对虚荣心和贪欲，但经历过之后，也是电影让她以最快的速度回到简单。所以，曾经有人这样形容周迅：她很实在，而且极其谦逊。她时刻都愿意聆听他人的想法，这种能力很不寻常。

也许这些听起来不是什么了不得的能力，但这些能说明一切问题。凡是好的演员，身上最突出的优点，90%都是非凡的聆听能力——他们会聆听，会观察，会将他们听到和看到的一切渗入到他们的表演中。

或许，正是因为这种不寻常的能力，让周迅看清了名利场的沉浮，作为一名演员，她最爱的还是电影。"我爱电影，"她说，"拍得好我爱，拍得不好我也爱——拍得不好我就反思，问题到底出在哪儿，总结出经验后，下次就能拍好。拍电影就像玩拼图，有时稍微搞错一步就怎么都拼不好了。可就是因为结果难以预知，拍电影才特别刺激。"

不过，对于周迅来说，长大也许并不是她喜欢的事情。"我从小就不喜欢当大人，我一直都觉得自己还是个孩子，最理想是长到18岁。既然我现在已经超过35岁了，那么我要开始倒着长了。"

有这样一则笑话，说的是有一位士兵自己踩错了步伐，却反而说全队的其他士兵踩错了步伐。在现实社会中，有很多刻苦努力、积极上进、抱负远大的人也容易犯这个错误。这些人过于固执己见，因循守旧，而不懂得紧跟时代的步伐，这种愚蠢的观念最后把他们拖进了落后的坟墓里。

从古到今，世界上不知道有多少人将自己的宝贵精力都白白地耗费在没有任何意义的守旧工作中，他们根本不懂得何谓顺应时代潮流。一个最善于利用自己精力的人，一定会迅速地抓住潮流、赶上时代。

留恋过去对你现在的生活没有一点帮助。你所要把握的是当今的世界和未来的世界，你所要考虑的是如何把时代向前推进。

有许多落伍的人好像整天生活在过去中一样，他们总以为今不如昔，而现代世界里仿佛做人再也没有什么生趣了，时代绝不会再进步了。他们说出了一句自以为很聪明的话，但别人听了却会笑掉大牙，在别人眼里，他们简直成了呆头呆脑的老古董了。

一个雄心勃勃的年轻人最要紧的就是顺应时代的潮流，不要让别人说你是一个"落伍者"。年轻人只要迎得上潮流，就会在不知不觉中得到巨大的进步。

由于商业上的激烈竞争、文化上的普遍革新、科技上的不断进步，当今世界上的任何事物都与十年前大不一样了。如果一个年轻人所知所思仍然是十年前的东西，那么他应该早些爬进坟墓里去了，因为在现代世界里，根本就没有他的容身之地。

比如说，一个打算经商的年轻人，在十年前他只要会写、会算、会接待顾客就可以了，但现在他非得张大眼睛来看更多其他的形势不可。比如，社会发展的态势、流行的时尚、文化科学等方面的进展，都是他应密切关注的。

在当今的时代，要想跟随时代的潮流，一定要对各个方面都有一个全面的了解、深刻的研究，还要随时注意国内外的大小事件、变化和市场的各种情况等。

无论你是做工的、行医的、经商的、当律师的，你都应该永远紧跟时代潮流。俗话说得好："人生如逆水行舟，不进则退。"一个人一旦停下来，驻足不前，一旦对于自己的才能学识感到满意，那么不久之后，他们就将被不断前进的时代年轮远远地抛到后面去了。

第五章　你可以轻视我们的年轻，我们会证明这是谁的时代

振奋你的精神，拿出你的全部力量，充分发挥你的才能，不断地向前进步，不断地追求知识，不断地观察研究，不断地思考，只有这样，你才能一生一世都不致落后于时代，你才可能从从容容地应对这个时代的不断变化。要知道，一个落后于时代的人在当今社会是没有立足之地的！

5. 不要总躲在别人的身后

> 没关系，美国有乔丹，中国有林丹。
>
> ——林丹

有这样一句话：枪打出头鸟。但是如果这些鸟儿都快饿死了，它们是冒险去抢那仅有的一点儿食物好呢？还是躲在最后面，看别的鸟去抢食物呢？其实也就两种结果，如果去抢了，说不定那枪打得不准，没打着它，这样它就得到了食物，就能活下来；而那些不去抢食物的鸟，只有死路一条。所以说，有时候我们要敢于去做这样的"出头鸟"，不要总躲在别人的身后。

林丹的自传《直到世界尽头》，里面详细地介绍了这个内心强大的"超级丹"的心路历程和人生感悟。从小到大，林丹就不是老师喜欢的"三好学生"。但是，他拥有无比强大的正能量。当"篮球飞人"乔丹在中国影响力如日中天时，林丹以无比认真的口气对母亲说："没关系，美国有乔丹，中国有林丹。"我相信，一个七八岁大的孩子，不是谁都有这样的"狂妄"。

那个时候，小小年纪的林丹就显示出了不肯服输、自尊心强的劲头。当时的训练项目中，唯一让林丹害怕的就是压腿。刚开始的时候，小孩子的韧带没拉开，腿压不下去，教练就帮他压，小林丹疼得直哭，边哭边压，回家后，妈妈还要帮他继续压。可是，不管再怎么疼，妈妈也从来没有听他说过不想去练了。周末的时候，训练队要长跑，绕着上杭县城跑两圈，至少也有几千米，林丹是队里年纪最小的，他跑不到前面去，就死死跟着大一点的队员跑，一定要跑完全程。

林丹，他有个称号"林一轮"，老是在重要比赛中被别人一轮就淘汰。就是在这样的困境下，林丹也从来没有想过放弃。每个星期，非常疼爱外孙的外婆都去体校看林丹，鼓励他坚持下去，坚信他会成为一个伟大的运动员。外婆信天主教，林丹就在自己的手臂文上十字架，提醒自己时刻不要忘记那些爱自己的人。林丹找来一本迈克尔·乔丹的自传——《我的天下》，读完这本书，林丹才开始觉得，与其说是老天选择了赋予自己不一样的使命，不如说是能力越大责任越大。"对于热爱的运动，对于我们身处的时代，我们有着义不容辞的责任。人生如赛场，即使不被看好，也能实现反转。"

2002年8月，不满19岁的林丹登上国际羽联排名第一的位置。2004—2012年，林丹获得各类世界比赛冠军，长时间占据着世界排名第一的位置。《直到世界尽头》是林丹这些年运动生涯的一个真实写照，林丹在努力，一直在努力，直到世界尽头。他通过自己的讲述让更多人知道体育的真谛，知道他那些不为人知的故事与汗水。无论多么苦多么累的情况下，林丹都不愿低头。"不是你今天感觉不好，就可以随随便便输掉的。"

伟大存在于哪里呢？也许是众人向往的金牌领奖台上，也许是不被人注意的冷清角落。但真正的伟大与成绩无关，更是一种精神的闪耀，在你的能力所及之处挑战自我，达到自我的巅峰。也许无人注视，但心中的掌声响起那一刻，全世界安静，你也为之屏息。林丹，这个从福建龙岩的小县城里走出来的小伙子，他平凡如你我，却在用一颗超级强大的内心，书写人生，书写未来。

作为21世纪的新生力量，"80后""90后"占据了半壁江山，很多人认为他们太过于张扬。其实每个时代都应该有不同的特征，他们的个性就是这个时代的特征。

因此，如果你感觉自己有能力、有想法，就大胆地表现出来，只要是在法律规定的范围之内，不要总躲在别人的背后。年轻人就应该说自己想说的话，走自己想走的路，过自己想过的生活，不要像下面这位一样。

有位才女不但琴棋书画无所不通，口才与文采也是无人可比。大学毕业后，在学校的极力推荐下，才女去了一家小有名气的杂志社工作。谁知就是这样的一个让学校都引以为自豪的人物，在杂志社工作不到半年就被炒了鱿鱼。

原来，在这个人才济济的杂志社内，每周都要召开一次例会，讨论下一期杂志的选题与内容。每次开会很多人都争先恐后地表达自己的观点和想法，只有才女总是悄无声息地坐在那里一言不发。她原本有很多好的想法和创意，但是她有些顾虑，一是怕自己刚刚到这里便"妄开言论"，被人认为是张扬，是锋芒毕露；二是怕自己的思路不合主编的口味，被人认为幼稚。就这样，在沉默中她度过了一次又一次激烈的讨论会。有一天，她突然发现，这里人们都在力陈自己的观点，似乎已经把她遗忘在那里了，于是她开始考虑要扭转这种局面。但为时已晚，没有人再愿意听她的声音了，在所有人的心中，她已经根深蒂固地成了一个没有实力的花瓶人物。最后，她终于因自己的过分沉默而失去了这份工作。

　　我们每个人都有梦想，我们都想有朝一日成为什么样的人物，你既然有这样的想法，就要勇敢地去做，不管道路有多么艰难，不管结果是输是赢，至少你努力过，争取过。我们正处在人生的重要阶段，在这个阶段就是要敢于张扬，敢于唱出自己的歌！年轻就是我们的资本。

6. 心有多大，舞台就有多大

> 在浩淼的宇宙里、无边的虚空中，最大最有力量，或者说最小最卑下的，就是你自己的心，没人可以让你更庄严，也没有人可以使你更卑陋，除了你的心。
>
> ——林清玄

中央电视台有一个观众十分熟悉的公益广告是这样的：一个冬季的清晨，梦想跳舞的农家小女孩在皑皑白雪的映衬下，在院子里翩翩起舞，期望有一天能有机会在真正的大舞台上尽情地表演，向观众展示她那优美的舞姿。她一直跳，一直跳……终于从小院跳到了万众瞩目的舞台，从独自旋转跳到了万人共舞。

那句经典的广告语更是深入人心：心有多大，舞台就有多大！

心之所想，力之所至。只有想不到，没有做不到。能够成就一番事业的，无一不是敢想敢做的人。

林清玄出生在一个普通的农户家中，家里很穷，从小时候开始，他就必须跟着父亲下地种田。休息时，他会坐在田边望着远处出神。父亲问他想什么，他咧开嘴，露着豁牙说："我将来长大了，不要种田，也不要上班。我想每天待在家里，有人给我往家里寄钱。"父亲听了，拍了一下他的脑袋，笑着告诉他说："荒唐，你别做梦了！我保证这世上就没有这样的日子。"

后来他上学了，有一天，他从课本上知道了埃及有许多金字塔，他欢快地跑去对父亲说："爸爸，长大了我要去埃及看金字塔。"

父亲这次生气地拍了一下他的头，说："真荒唐！你又做梦了！我保证你不会去。"

时间飞逝，少年转眼长成了青年。他考上了大学，毕业后做了记者，写文章，写书，平均每年都出几本书，有一本甚至卖了几百万册。他每天的工作就是坐在家里写作，出版社、报社会给他往家里寄钱。他用写作得来的收入去埃及旅行，站在金字塔下时，他抬头仰望，想起小时候父亲说过的话，不禁在心里默默地对父亲说："人生没有什么是绝对的！"

我们每个人都有一个美好的梦想，但梦想和现实往往有着遥远的距离，经营梦想就是要我们通过自己的努力，把看似遥远的梦想一步步变成现实。

成功者和平庸者最大的区别就是，他们懂得经营梦想，而不是把梦想仅仅作为梦想，只有在夜晚时在梦中想一想，白天又放下，不想，也不行动。

记得有位哲人说过世界上一切成功、一切财富都始于一个意念，始于我们心中的梦想。一个有梦想的人，才敢于追求自己的梦想；一个有伟大梦想的人，才敢于去做伟大的事情。当然，我们不推崇好高骛远，但应该有正确的人生方向，要为了实现自己的远大理想而奋斗。

一天，一个喜欢冒险的小男孩爬到父亲的养鸡场附近的一座山上去，发现了一个鹰巢。他从巢里拿了一个鹰蛋，带回养鸡场，把鸡蛋和鹰蛋混在一起。让一只母鸡来孵。孵出来的小鸡群里有一只小鹰。小鹰和小鸡一起长大，因而不知道自己除了会做小鸡做的事之外还会做什么。起初它很满足，过着和鸡一样的生活。

但是，当它逐渐长大的时候，内心就有一种奇特不安的感觉。它不时地想："我一定不是鸡！"只是一直没有采取什么行动。直到有一天，一只老鹰翱翔在养鸡场的上空，小鹰感觉到自己的双翼有一股奇特的新力量，心猛烈地跳着。它抬头看着老鹰的时候，一种想法出现在心中："养鸡场不是我待的地方。我要飞上蓝天，栖息在山岩之上。"

它从来没有飞过，但是它的内心里有着力量和天性。它展开了双翅，飞升到一座矮山的顶上。极度兴奋之下，它再飞过更高的山顶，最后冲上了蓝天，到了高山的最顶峰，发现了伟大的自己。

远大的志向可以说是每个强者都具有的素质。只有具备了这一点，成功者才能在困难面前不至于知难而退，才能始终保持勇往直前的信念。这是每一个不打算虚度人生的人都应该谨记的。

所以说，你的目标决定了你成功的高度。

如果你不想虚度自己的青春和生命，那么，你就要为自己定一个明确的人生目标，这个人生目标就会影响甚至决定你以后的生活。

当然，环境的影响不是起决定作用的，成功的关键还在于我们自身是否能以积极的心态去对待人生。在这一方面，一个远大又切实可行的人生目标起着很大的作用。只有志存高远、目标远大，你的人生才可能辉煌，你才是真正的强者。

第六章
梦想,是注定孤独的旅行

1. 别忘了你要去哪里

> 人生不长，要知道自己永远在对的路上。
>
> ——刘亦菲

很多刚毕业的年轻人，走出校园就陷入了迷茫，不知道该何去何从。比如，父母为你安排了一份稳定的工作，但你又不太喜欢；你想做点什么，又不知道能力够不够；你有信心做好的事情，却没有机会施展；周围很多朋友都考研了，你也犹豫着是否加入他们的行列……你遇到的问题越多，越是感到迷茫。

刘亦菲说她小时候就有一个梦想，想去从事与艺术有关的工作，但是那时候不确定是演员、舞蹈还是别的方面。但是她清楚自己真正感兴趣的事情的时候，自己热爱的东西是什么的时候，她就一直在做喜欢做的事情。这可能要感谢小时候所受到的艺术熏陶，也很感谢她的伯乐刘建明先生，这让刘亦菲成长得更快。无论是生活的阅历还是演戏的经历，她可以看到自己的成长，一步一步地往一个成熟演员发展，她坦言自己是一个很幸运的人。

有时候，你不知道自己想要什么又能得到什么，所以，在找工作的时候，你把自己的目光锁定在当前的状况上，走一步算一步，过一天算一天。殊不知，这样的决定往往会让你离最初的理想越来越远，到最后甚至会迷失方向。

人生的道路不是只有一条，但每个人的道路都应该有一个正确的方向来指导。只有找到了这个方向，你才能找到希望，找到成功。正确的方向让我们事半功倍，而错误的方向会让我们误入歧途，甚至误了终生。

要选择正确的道路，必须要知道目的地的准确位置。确定了目的地，再找方向，一步一步前进，这样才会最快到达终点。也就是说，目的地与你现在所处的位置两点间的直线，就是你离成功最近的距离。

简而言之，只有找准了方向，才能走对路。只有明确了目的地，再次面对人生岔道时，你才知道该如何选择而不会犹豫不前了。

首先，明白自己要去哪里，要干什么。

一个人，给自己找准了前进的方向，那么，他就成功了一半。很多在街上闲逛的年轻人就是因为自己"没什么事情可干""不知道干点什么"，玩玩游戏吧，结果自己被游戏给玩了；打发时间吧，结果自己被时间给打发掉了！

等他们恍然大悟的时候，才发现人家在成功的大道上已经走得很远了。那些立志当作家的朋友，已经在报纸杂志上发表了若干篇"豆腐块"了；要做生意的同学，已经开始学管理了；想出国留学的人，托福都已经考过了……而自己还在原地晃悠，羡慕着别人，又为自己着急。

谭盾已经是音乐界一个大师级的人物了，可是他刚到美国时，只能在街头拉小提琴赚钱。很幸运,他认识了一位黑人琴师,并和他一起争到一个好地盘——一家商业银行的门口。

过了一段日子,谭盾赚到了不少钱,就和黑人琴师道别。进了音乐学府拜师学艺。在大学里不像昔日一样赚钱多,但他的眼光超越金钱,投向了更远大的目标和未来。

十年后,有一次谭盾路过那家商业银行,发现昔日老友黑人琴师依然在最赚钱的地盘拉琴,而他的表情一如往昔——露着得意、满足与陶醉。他问谭盾在哪里拉琴,谭盾说了一家很有名的音乐厅的名字,黑人琴师说:那家音乐厅的门口也是个好地盘,也很好赚钱。他还不知道谭盾此时已是一位国际知名的音乐家。

谭盾知道自己的目的地绝对不是某银行的"门口",因此他积极地换了"地盘",进入了音乐厅,最终成为知名音乐家。而那个黑人琴师把自己的目的地定位在"门口",所以他永远都只能在"门口"拉小提琴。

因此,任何时候,我们都要清楚自己应该去向哪里。去哪里,说到底就是给自己一个终极的任务或目标。比如,你知道自己要去买书,就会去书店;知道自己要去看电影,就会去电影院;知道自己要吃饭,就会找餐馆。只有目标明确了,你的选择才会明确。

其次,心里装上指南针,朝着目标勇往直前。

两点之间的距离最短,如果不想走弯路的话,在现在的立脚点与终点之间画一条直线,跟着这条线走。

有两个计算机专科的毕业生,虽然学历不高,但都是计算机"发烧友",两人都立志要在所学专业上有所发展。

然而，他们在毕业后，很快就陷入了找工作的烦恼中：专科文凭、没工作经验、父母均在北京打工，没有任何背景……在这个人才济济的城市，以这样的条件找工作确实不是件容易的事情。

所以，其中一个男孩在"急需一份工作，否则就没面子了"的情况下，来到一个药品公司做业务员，推销该公司的药品。尽管他对药品毫不了解，对销售毫不感兴趣，但他觉得这是"没有办法的办法"。好在公司本身有了一定的销售渠道，所以他做起来并不太辛苦。两个月下来，他顺利通过了试用期，所以就留了下来。另一个男孩则"不信邪"，他在不断的应聘、碰壁、再发简历的过程中煎熬，省吃俭用，接受同学的救济，但他坚信自己一定会找到与理想接近的工作。两个月之后，他终于到一家网络工程公司做了一名临时工，工作任务就是为工程师们跑跑腿，递递东西。工作很辛苦，待遇也很低，当他的同学每月拿2000元工资的时候，他的工资还不到1000元。

几年后，第一个找到工作的男孩仍在做销售，此时的他已经厌倦了销售，感到有些疲惫，因为他始终对这项工作不感兴趣，而且业绩平平。这时他才意识到自己根本就不适合这份工作。而另一个男孩，经过几年的经验和资源的积累，已经成为一家电脑公司的技术主管。

第一个男孩，虽然很快找到了工作，却是一份与他的职业理想完全没有关系的工作，这份工作不仅浪费了他的时间，而且对他的未来没有任何帮助；第二个男孩虽然找工作的时间长一些，但他找的工作与他的理想接近，在工作的过程中，他能学到更多的经验，而这些经验恰恰是他找第二份工作的资本。

不要以为理想是说着玩的，以为你现在还年轻，以后还会有大把的时间去实现人生目标。要知道，弯路走多了，很容易迷路。

一旦大方向定了，就要坚持且坚定地走下去。左顾顾，右看看，不仅白白耽误时间，而且会加倍影响你行走的进程。

2. 给自己的梦想留一点空间

> 我对唱歌非常着迷，因为唱好每一首歌曲是我的梦想。
>
> ——阿宝

梦想就是设计未来，它可以想出不在眼前或没有发生的事情的具体形象。所以当我们面对一个无法解决的问题，或者没有头绪的难题时，先研究它，然后大胆地设想，办法自然会有，难题也会迎刃而解。

如果说现实中的条条框框让我们感觉到生活的压抑和无奈，那么给梦想留一点时间，它会让我们找到成功的动力。没有人能剥夺我们拥有梦想的权利，也就没有人能阻止我们为了自己的梦想而开始行动。

2005年10月7日晚，央视金牌栏目《星光大道》经过紧张激烈的角逐产生了年度总冠军。山西民歌手阿宝技压群雄，夺得总冠军，同时也成为进入2006年春晚的第一位演员，他也是有史以来首位进入春晚的百姓演员。

1969年，阿宝出生于山西大同郊区的一个小村子里，原名张少淳，阿宝是他上高中时的外号。阿宝从小就很有唱歌天赋，4岁就跟着村里文艺宣传队登台独唱，6岁就可以把《兄妹开荒》全部唱下来。那时邻村有个叫邢如的民歌老艺人,精神受了刺激,人们都叫他邢半疯。邢半疯很爱喝酒,每喝必醉,每醉必唱,每次都唱得青筋毕露、声嘶力竭。小孩子们见他唱歌都会远远躲开,可是,阿宝却对他十分着迷。邢半疯"咿呀呀"地唱,阿宝就坐在他身边痴痴地听,甚至他还和邢半疯对唱,这不平凡的音乐体验深深地烙在了阿宝的脑海中。

高中毕业后,有一次,阿宝在报纸上看到有个戏班子招收学员的广告,他兴奋不已,骑着自行车穿越大同市区来到北部矿区"投奔"戏班子。班主说:"你入团可以,学徒不给工资。"阿宝兴奋地说:"只要有口饭吃,能天天唱歌,天天站在舞台上,我不要工资。"

跟着这个戏班子,阿宝从山西到内蒙古,从宁夏到甘肃,唱几场就换一个地方。一年后,戏班里走了两个老演员,阿宝渐渐成了"台柱子"。这时,恰巧家里有点事情需要钱,阿宝就想征求班主意见给自己开点工资。有一天,阿宝看到班主高兴,就试探着开口向他要工钱,满以为他会一口答应,却没想到班主把脸一沉:"那你别跟我们走了,我们不要你了!"

半个小时后,戏班子所有的人都不声不响地卷铺盖走了。阿宝一心一意跟随一年的"家"把他无情抛弃了,一分钱也没给他!既没有钱又环境生疏,阿宝欲哭无泪,好在附近的村民给他捐了50元钱,阿宝千恩万谢地才回到山西的家。

回到家,他没敢告诉父母这段被"抛弃"的经历。没过多久,村里又来了一个戏班子,阿宝又动了"出去闯荡"的想法。听他唱了几首歌,班主很满意,同意带他走,也同意给他微薄的工资。

跟着这个戏班,阿宝吃尽了苦头。一次,他们来到山西和陕西交界的一个小镇演出。那天晚上,正当阿宝唱《赶牲灵》时,突然,戏台上的马灯"砰"的一声被打碎了,场内顿时一片混乱,有人喊,有人骂,还有人往戏台上扔东西。当阿宝转身往后台走的时候,突然一块石头砸在他的头上,顿时鲜血直流,染红了衣服……

匆匆包扎好伤口,阿宝禁不住流下委屈的泪水,他吃苦受累不怕,最受不了的就是这样毫无理由的侮辱。他真想就这样放弃,回去打工挣钱,但每次他都很快否定了自己的想法。演唱生涯带给他更多的是磨难,但舞台也给了他激情,阿宝的表演越来越能调动观众的情绪,歌唱水平也提高了很多。

梦想帮助我们突破了时间和空间的限制,思接千载,视通万里,一切美好的事物都会从梦想开始。每一种假设都是梦想发挥作用的产物,而科学理论的更新也是在假设实现的基础之上的。

科学史上很多伟大的成就就是建立在想象的基础之上的。牛顿偶然间见到了落地的苹果,就是这个苹果点燃了他的梦想,且一发而不可收拾,最终他发现了一条伟大的定律。如果不是牛顿的万有引力定律,就不会有宇宙飞船、航天飞机,人们更不可能登上月球。可以说正是牛顿的一个小小的梦想改变了我们的生活。很多在科幻小说中的场景,过了若干年之后成为现实,可以说我们的梦想在一定程度上推动着社会科技的发展。

史蒂芬·霍金的成功让人敬佩,他所编著的《时间简史》很难让人想象出这本书背后的作者,竟然是一个只有一根手指能活动的人。他在轮椅上行动不便,可是他的思想却比任何一个人都自由,穿梭于宇宙。

他在最为广阔的时间和空间中完成了自己的事业。我们不得不佩服梦想的巨大魔力，它甚至能让一个行动不便的人，遨游宇宙。

当1919年日蚀证明了爱因斯坦的推测时，他说："想象力比知识更重要，因为知识是有限的，而想象力概括着世界上的一切，推动着进步，并且是知识进化的源泉。"

许多伟大的发明家、科学家、艺术家，都是从一个小小的梦想起步的。梦想就像火种，激发了他们强烈的创造欲望，于是，他们创造了一个又一个星火燎原般的神话。在人生路上拼搏前进的人，应该留给自己一点梦想的时间和空间，创造美好的未来，从这一刻的梦想开始。

每一个成功的人都是一个梦想家，而他们所做出的成就又与他们的想象力、能力、毅力，与他们对信念的执着程度和他们所付出的努力密切相关。

不要因为梦想还没有化为现实，或是因为希望渺茫就放弃了理想。为了理想要不屈不挠，不要让日常生活淹没了理想或使理想失去了亮色。

我们所说的梦想并不是荒诞不经的幻想，而是现实的、合理的愿望，以及来自心灵的渴望和实现它的勇气，这样一来，不管我们周围的环境怎样令人不快或不友善，我们都可以在想象中把自己提升到一种理想状态。

世界上最有价值的人，就是那些"能够远远望见世界文化的将来；瞻望到未来的人类必从今日所有的种种狭窄束缚的桎梏、迷信中解放出来；能够预见到事情之当然，同时也有能力去实现它们的人"。这是成功学大师卡耐基所引用过的一段话，而他自己也正是这样的人。

梦想不是有钱人的奢侈品，梦想也不是年轻人的专利。肯德基的创办人哈兰·桑德斯先生60岁退休后开始着手经营自己的生意。61岁时研究出独特的烤鸡方法而开始经营烤鸡店，在全美、欧洲及日本等地都颇有盛誉，他摆脱了既成的框架而获得了成功。

有一位名叫莱特的主教与他的朋友一起吃饭。席间，主教认为耶稣很快会再度降临，原因是一切事物的本质都被发现，所有可能的发明都已实现。他的朋友不同意，他认为未来的五十年中会有许多意想不到的发明，比如人类会飞上天。

莱特主教生气地说："胡说八道！只有天使可以飞。"

这位主教有两个儿子，就是日后有名的莱特兄弟，他们与父亲完全不同，梦想有一天能飞上天空，后来他们果然把父亲认为"不可能"的事变成了现实。

坚定的信念之墙是人生中最宏伟壮丽的丰碑，是至坚至硬的，子弹都没办法打穿。

年轻人，留一点空间给自己梦想，也就留了空间让自己成功。

3. 趁一切还来得及，定一个适合自己的目标

> 我希望靠自己的作品出名，而不是靠乱七八糟的事，那只能成为流星，我要做持久的恒星。而能做到持久就要靠自己的实力和业务，这是大家对你折服的最好方式。
>
> ——李冰冰

人的梦想使自己的生活有了目标，这个目标就使得你现在的生活变得有了意义，也使得你的未来变得一片光明。

《圣经》上说："人想什么便像什么。"这就是说，人的一思一想，一言一行，都是由他下意识的目标暗示决定的，他想什么脑子里就会形成一幅图画，这幅图画就会引导他朝着理想的目标前进。

世界知名的布道家贝尔博士说："想着成功，成功的景象就会在内心形成。在雄心勃勃的推动力下，你可以控制环境，创造人生。"

由于人的内心梦想是人生的设计蓝图，对人的现在和未来都有重大的影响，每一个人都希望在自己的脑海里形成美好的蓝图，像一幅完美无缺的图画，比任何一位艺术大师笔下的杰作都更加美丽出色。

但是有些人想得太好了，以至于难以实现，于是便会产生失望和悲观。所以，设定一个适合自己的目标，使理想在现实条件下可被实现，就会给大家带来快乐幸福。

第六章 梦想，是注定孤独的旅行

什么样的目标是适合自己的目标呢？

小时候，李冰冰爱唱歌，最大的理想就是将来成为一名歌唱家。稍大一点，她又觉得当个售货员也不错！

直到上了中学，她才忽然发现，成为一名大学生才是自己唯一正确的人生目标。可是女孩子容易出现文理偏科情况，李冰冰也没能幸免，生物学、数学、物理、化学，这几科成绩都不好，偶尔灵光乍现，四门都考100分，她欢天喜地回去给她爸爸汇报，她爸居然怀疑她作弊了！

不仅如此，在中学老师眼里，她也不是考大学的料。正因为理科成绩实在上不了台面，考大学没希望。老师才苦口婆心劝她考中专。大人的话当然让她备受打击，但在残酷的现实面前不得不低头，就报考了鸡西师范学校。只是，她没想到，在这所学校意外学会了声乐知识，对钢琴、手风琴、舞蹈等艺术科目的知识也掌握了不少，甚至还遇到了她人生中的第一个贵人——演员高强老师。

1992年，鸡西师范学校专门组织了一次春节联欢晚会，已经毕业分配在五常小学当音乐老师的李冰冰和几个同学都被召了回去，高强是第一个到场的嘉宾。那天，看完她们彩排，高强老师找人把李冰冰叫了过去，寒暄一阵后就问她想不想考"上戏"或者"中戏"。她当时听高老师说什么上呀下的，那是和她八竿子打不着的事，但碍于高老师一片好意，她把这些话都咽在肚子里了。可正是这次比较诚恳的谈话，让她和高强老师开始了一段忘年交。

这事儿过去半年后，李冰冰的妈妈做心脏手术，前后花掉3万多元钱，家中真是一贫如洗了！原本出现这种情况她该更安分才对，可偏偏她对两年的小学教员工作竟莫名厌烦起来。她父母都是普通工人,她家没有什么可倚仗的社会背景,这使得她和妹妹两人从小就发誓一定要出人头地。在当时看来,似乎考上大学就可以出人头地了,这种朴素的动机一直支撑她闯过一道道难关。终于,那年暑假的某个黄昏,她拿起笔给高老师写信,向他说了自己想考戏剧学院的愿望。高强老师的回信很认真,他详细告知李冰冰应做好三项准备:一首诗朗诵,一支歌,一个小品。

趁一切还来得及,她便开始了她的复习计划。她买了三本成人高考辅导书,边理解边背,她笃定所有的题都会从书本上出,只要一遍遍地背就能背出好成绩来。

李冰冰相信"天道酬勤"这句古话,最后她考了220多分,超出录取标准线几十分。考上大学之后,李冰冰的命运从此改变。

适合自己的目标就是在自己的能力范围内和国家需要的前提下制定出来的可以达到的目标。不是空想,更不是信口开河,因为空想无法实现,会使人陷入悲观,而适合自己的目标,就会有具体的实施办法,就会给人以希望,使人越干越有劲儿,越活越年轻。

适合自己的目标,也不是降低自己的追求,而是把自己的长远目标和短期目标结合起来规划自己的生活。一个中学生在暑假里打工,觉得自己适合做生意,于是就不再继续上学,要去做生意。这就是把自己的目标降低了,就是只从眼前利益出发来确定自己的奋斗目标,而忽视了人的长远发展目标。

人的能力也是在不断地发生变化的,能力提高了,就会觉得原来的目标定得太小了,因为你自己发展了,目标也就要随着调整。如果一个人停止学习，他的能力也会随之下降，那么，他原来与之相适应的目标也就会显得难以实现了。所以，适合自己的目标在任何情况下都会发生变化，这就要求每个人在实际生活中不断地适应变化，不断地调整自己，力求使人生的内在潜能得到最大的发挥。

所以，趁一切还来得及，定一个适合自己的目标，这个目标不是一成不变的，而是不断发展的、不断变化的，这样，离自己的成功就不远了。

4. 只有相信,才能梦想成真

> 把梦想的种子种在头脑里,而不仅仅种在心里。仅仅种在心里,只是记住了要让种子开花结果;种在头脑里,才能让种子开出最艳丽的花,结出最丰硕的果。
>
> ——海清

唯有相信,才能有梦想成真的那一天。

如果我们总是对自己说:"这简直是异想天开!这件事情根本不可能完成!我根本做不到!"那么,就真的永远做不到了。我们无法致力于连自己都不相信的事情,既然不相信,就难以有持久的动力;既然不相信,就没有对抗各种困难的决心;既然不相信,又何来开拓创新的勇气呢?

2010年,在第8届中国电视金鹰艺术节暨第25届中国电视金鹰奖颁奖晚会上,海清凭借电视剧《媳妇的美好时代》摘得视后桂冠。大器晚成的海清首次问鼎影视大奖。

1978年1月12日海清出生于南京的一个普通工人家庭,虽然不是美女,却也清纯可爱。尽管家庭条件并不富裕,但父母还是省吃俭用,送海清去少年宫学习舞蹈。7岁时,海清参加一个电视剧小演员面试,导演跟她说戏："你的爸爸得了重病，你家负担不起这么高昂的医药费，你可能从此就要失去他了……"她顿时鼻子一酸，眼泪簌簌落下，一下子就把导演征服了，小小的童星也就此诞生。从此，表演这两个字在她心中播下了种子，成为她的梦想。

然而，小小年纪便展现出表演才能的海清，并没有就此走上影视之路，而是遵从父母的心愿，继续学习舞蹈，直至17岁进入江苏省歌舞剧团，并很快成了剧团的台柱子，从演员晋升为编导，其间更是有不少作品获奖。即便如此，海清还是难忘当年的那段童星体验。于是。她决定报考北京电影学院和中央戏剧学院。当时，曾经有个老师跟她说："你长得不漂亮，那你拿什么去跟那些长得很漂亮的人去争？所以你得有头脑。"海清深深地记住了这句话，把梦想的种子种在头脑里。

1997年，通过拼命学习，海清以第一名的成绩进入北京电影学院，最后毕业的时候也因为成绩优异得到了全班唯一一个留京指标。在整个大学时代，海清大量阅读中外名著，勤于思考，她始终脚踏实地地跟着老师黄磊一起排练话剧，众多经典话剧一练再练，练就了海清扎实深厚的表演功底。

在大学四年间，海清没有拍过一部戏，很多机会是因为不漂亮失去的，也有的是她不愿接，宁缺毋滥，她是在静静地等候。因为没戏拍、没钱挣，海清一直囊中羞涩，有时不得已回南京父母家，蹭吃蹭喝。后来丁黑拍摄《玉观音》，海清出演女二号"钟宁"，也正是这部剧开启了海清演艺事业的新起点。《双面胶》里，海清将小媳妇"丽娟"的自私精明、刁蛮任性演绎得淋漓尽致；《王贵与安娜》里的"安娜"自命清高、小肚鸡肠；《蜗居》里踌躇满志的"海萍"，更让她迅速红到了美国、日本，成为2009年炙手可热的荧幕明星和具有极佳口碑的收视女王，她被誉为"中国荧屏第一媳妇"。2009年海清和佟大为共获"年度收视率之星"，与《蜗居》导演滕华弢共同赢取了"年度电视剧"的大奖，又与孙红雷共同问鼎金鹰奖，成功跻身国内一线女星的行列。

她的成功证明了一点，吃苦用功可以战胜脸蛋、身材，没有绯闻、八卦同样可以成为关注的热点。

但海清并不满足、停滞于"媳妇专业户"。谍战剧《黎明之前》里"潜伏"的共产党员，陈凯歌执导的古装戏电影《赵氏孤儿》里一个草泽医生之妻，而《心术》已悄然开始了同名电视剧的创作，六六与海清这对黄金组合再次搭档，挑战世俗眼光。海清在拓宽戏路，攀登新的艺术高峰上，不断努力着。

30岁之前的海清，默默无闻，每年也许只有20个剧本可以挑，而有一年上半年就有200个剧本摆在她面前让她选。"做这一行和任何一行都不一样，出名和不出名是天壤之别。"成名，这是上天对她多年来努力的奖赏，鼓励她继续为理想而不懈奋斗，追逐新的灿烂与辉煌。

只有把梦想的种子埋在心底，并相信这颗种子会开花结果，才能有梦想成真的那一天。这个理念，影响了海清，也影响了成千上万的人，其中，也包括下面这个13岁的小姑娘。

小姑娘叫野上田女。在小学五年级时，她听到了学校新来的音乐老师演奏的爵士乐。爵士乐丰富多彩的和声效果和自由活泼的节奏感，令野上田女深深着迷。"能演奏出如此美妙的音乐将是一件多么幸福的事啊！"野上田女由此萌发了加入学校吹奏乐器部爵士乐队的想法。

可是，当时的野上田女，没有一点音乐知识的基础，更别说学过什么乐器了。她在乐队里担任鼓手，但实际上她接触打鼓的机会少之又少。一切从零开始，什么时候才能演奏出一首完整的曲子？野上田女对此充满了无力感。但是，她没有放弃。她不停地告诉自己：我可以的，我相信我能行！她每天握着鼓槌敲击隔壁屋子里的桌子，把这当成是基础训练。当隔壁传来同学演奏的优美曲调，而她只能面对着毫无生气的桌子拼命地练习，有过多少次，她都泪流满面，想要甩手不干了。每到这个时候，心里的声音都会响起：相信自己吧，你一定能成功的！

这个信念支持着她度过了艰苦的基础训练期，当她第一次演奏成功时，兴奋得手舞足蹈。一年后，她作为乐队的骨干之一，和同学们参加了全国性的音乐比赛。舞台上的她，再也不是满眼泪光的练习生，而是一个技术成熟、全心投入的演奏者。最后，他们获得了那次比赛的最高演奏奖。

野上田女已经长大了，在爵士乐演奏方面获得的成绩让她对其他事情也都抱有信心。她参加了学校的网球组，在网球运动方面也定下了很高的目标；她还想学英语，希望以后能够从事国际性的工作。

她说："也许现在看来我的理想都有些不切实际，但是我相信，我能行。"

现实中从来不乏有梦想却不能坚持为之奋斗的年轻人，他们总能为自己的失败找到借口：或是没有经济基础，或是先天环境太差，又或是运气不好。实际上，一个人自身所处环境的好坏，都不足以影响其追求成功的欲望。稻盛和夫说过，没有人是环境的奴隶。有些人在追求目标的途中，常以社会环境或经济条件不佳为由而放弃，他们对环境研究得越深入，就越相信他们的梦想是永远都不可能实现的。这样的人往往都是不愿去改变环境的人，他们没有要去改变命运的强烈意愿，而宁愿被环境所同化。其实，稻盛和夫的经历足以证明，要是能以强烈的愿望坚持自己的梦想，完全可能找到使梦想成真的方法。

如果打心底想要成就某事，我们的心就会努力地去帮助我们清除障碍，即使在睡梦中也不停歇，这也正是极大的努力与真正创造力的触发点。反之，被环境奴役将只会看到情况不利的一面，其结果就是没法成功。只要拥有强烈的愿望，就会想尽各种方法去解决问题；只要坚持不达目标决不放弃，最终的成功一定属于你。

不论是一段革命的成功，还是一段新纪元的开创，都源于一股高涨的热情。不被环境牵引，用强烈的愿望去追求梦想就会得到成功的垂青，因为成功偏爱一往无前的热情和怀抱壮志的雄心。

每一个目标的实现，都是以未知为起点的。但是，站在这未知的起点上，要有能获得成功的信心和热情，要有一种强烈的欲望，这样才能在心底生出一股动力。这股动力会随时出现在我们的眼前和脑海里，并催促着我们想尽一切办法去实现目标。

所有事业开创的初衷，都是源自一个梦想，梦想成真的过程就是取得成功的过程。有梦想，才能明确努力的方向，也才能充满干劲和激情。当然，这里的梦想，并不是指白日梦，更不是被想象冲昏了头脑的草率鲁莽。

如果你现在也在为梦想努力，如果你也有想要放弃的时候，那么请在心里记住这样一句话："我相信我可以，我一定能做得到！"

5. 让梦想照进现实

> 我选人的标准是：首先这个人应该有梦想，如果他没有梦想，他做事就没有激情，就很难持续地去把它变得更好。
>
> ——李宁

许多人通常都会有一些"异想天开"的想法，但是却没有多少人会将这些想法付诸行动，因为他们始终觉得，这也只是想想而已，而要做到却是不可能的。所以，许多"异想天开"的光辉，也就被人们自己埋没了。其实只要人肯去做，这个世界上没有什么是不可能的，梦想有时真的可以照进现实，需要的只是我们的智慧之光。

LI-NING品牌创始人李宁，这位昔日意气风发的体操王子，已经到了知天命之年。在所有致力于打造全球性品牌的中国公司里，服饰类品牌可能是最具挑战性的一类。原因在于，赢的诀窍不在于低成本、大规模的制造优势，而有赖于充满想象力的设计、独特鲜明的品牌个性及无法缩短的品牌历史。随着中国消费者购买力的升级和口味的变化，他们开始急速地拥抱以往可望而不可即的国际时尚品牌。这对于众多中国服装和体育用品制造商来说，无异于一场噩梦。现在，中国选手们正在用各种办法试图补上这一课。这些实践者的品牌包括李宁、鄂尔多斯、美特斯邦威、江南布衣等。它们或重塑品牌DNA，让其与中国文化紧密相关，或延揽国际大牌设计师提升设计能力，或积极向海外同行学习一整套从设计至推广的品牌建设，或干脆走出国门到海外开店。

实际上，早在2008年10月，LI-NING的首席市场官方世伟就已经着手设计新的Logo了。现在看起来甚为复杂的决策，实际上起初只是源于几个朴素的想法：第一，LI-NING内部关于"运动带有时尚，还是时尚带有运动"的争论尘埃落定，最终定位"运动"要传递非常强烈的信息，告诉市场"我要改变"；第二，要"更动感，更现代化"；第三，要体现"运动"；第四，原来的Logo在鞋上的支撑效果不好。新的Logo被设计出来后，公司在内部做了个调查，结果显示90%员工都支持改变。LI-NING原来的口号Anything is possible（一切皆有可能），常被诟病与阿迪达斯的Nothing is impossible（没有不可能）过于相似，还有"抄袭"嫌疑，与耐克标志有几分相像的Logo。现在李宁决定甩开它们，勇于求变，加快国际化进程。

异想天开是一种思维狂驰的执着，也是灵性无碍的释放，这一过程是一种突破固定、超越当前藩篱限制的自觉。正是这种把出场和未出场事物综合为一的思维活动，创造出了一个更加广阔又极富挑战性的思维空间。

"陛下，给我一条帆船出海一战吧，让我把英国佬打得灵魂出窍。"1916年，德国少校卢克纳尔对威廉二世如是说。

此话一出，所有人都很惊诧。

假如这是在中世纪，这样敢于挑战大不列颠的军官固然有些鲁莽，但至少会获得勇敢刚毅的美名。但时光已经到了20世纪,这个时候,帆船早已成为一种古董,不可能作为战船来使用。

卢克纳尔从小富有反叛精神,胆大心细,独出心裁,想别人不敢想,做别人不敢做的事情。

幸运的是威廉二世认真地听取了这位少校的"疯话"。

卢克纳尔向威廉二世解释道:"我们海军的头儿们认为我是在发疯,既然我们自己人都认为这样的计划是天方夜谭,那么,英国人一定想不到我们会这样干吧,那么,我认为我可以成功地用古老的帆船给他们一个教训。"

这段话充分体现了卢克纳尔独特的思维,如果他是一个受过正统军事教育的军官,他是很难想出这样的主意的。威廉二世被说动了,他同意了卢克纳尔的计划,用一条帆船去袭击英国人的海上航船。

卢克纳尔经过千辛万苦终于找到一条被废弃的老船,取名"海鹰号"。在他亲自设计监督下,这艘船开始古怪的改造工程。

1916年12月24日圣诞夜,"海鹰号"出击了,顺利突破英国海上封锁线,抵达冰岛水域,大西洋航线已经在望。

正在高兴的时候,"海鹰号"和英国的"复仇号"狭路相逢。

"海鹰号"的火力只有两门107毫米的炮,而"复仇号"却是一艘大型军舰,硬拼显然不是对手。卢克纳尔灵机一动,主动迎上去让他们检查,英国的检查员见是一条帆船,看也不看,放过了这艘暗藏杀机的帆船。

1917年1月9日,到达英国海域后,在卢克纳尔的指挥下,"海鹰号"突然发起进攻战,全歼英国船只,获得了巨大的胜利。

卢克纳尔这种看似不切实际的想法为他赢得了成功。正因为这种不切实际的做法让敌人处于轻敌的状态,"海鹰号"便可轻而易举地攻入敌方的心脏,从而获得战争的胜利,给国家带来了荣誉。对卢克纳尔而言,这个不切实际的想法实际就是一种可以打对方一个措手不及的胜招,是一种建立在充分了解对方基础之上的"不切实际",而不是那种通常所说的"瞎想,胡想"。

战场上需要有敢想的胆识,对竞争激烈的商场来说更需要具备这样的品质,才能在商战中胜人一筹。李书福的发迹史就很好地诠释了这一内涵,他的突发奇想创造了世界上第一辆踏板式摩托车。

曾有人说过,如果没有像吉利创始人李书福和他领导下的吉利人那样的一大批中国汽车人,那么对于中国普通家庭来说,汽车消费也许会推迟十多年。而之所以能占有中国汽车领域的领军地位,创始人李书福的突发奇想起了决定性的作用,正因为他超乎常人的想法,才诞生了世界上第一辆踏板式摩托车,开启了摩托车行业的新纪元。

1993年,李书福去某大型国有摩托车企业参观考察,看见摩托车产销两旺的势头,他抓住时机,向该企业老总提出为他们做车轮钢圈配件。

对方一听,笑道:"这种高技术含量的配件岂是你们民营厂能完成的,你们还是该做什么还做什么去!"

不信邪的李书福憋着一肚子气回到公司,大胆提出要自己制造摩托车整车。周围一片反对声,连他的亲兄弟都笑他自不量力:"车祸死了人,有你好看的,搞不好千年砍柴一夜烧。"

然面对周围的一片反对声,李书福并没有放弃这种大胆的想法。

终于，皇天不负有心人。李书福只用了七个月的时间，就开发出中国同行一直没有办法解决的摩托车覆盖件模具，并率先研制成功四冲程踏板式发动机。接着又与行业老大嘉陵强强联合，生产"嘉吉"牌摩托车，不到一年又开发出中国第一辆豪华型踏板式摩托车，很快便替代了日本和中国台湾的同类摩托车，不仅一直占有国内踏板车销量龙头地位，还出口美国、意大利等32个国家和地区。1999年，吉利摩托车产销43万辆，实现产值15亿元，吉利集团也因此赢得了"踏板摩托车王国"的美誉。

李宁、卢克纳尔和李书福的成功，在于他们敢想常人之不敢想，从而开辟了一条通往成功的康庄大道。拉开历史的帷幕我们不难发现，凡是世界上有重大建树的人，在其攀登成功的征途中，都会灵活地进行思考，通过成熟的反思和总结成就伟业。

想象是自由的空间，无拘无束。只有异想天开的人，才可能具有开拓和创造精神，才能干出他人连想都不敢想的创举。

6. 能鼓励你的人只有自己

> 多花一些时间在了解自己身上,少花一些时间在应付他人身上。因为最后,能够给你提供最有利帮助的人,除了你自己,没有别人。
>
> ——李嘉诚

每一个成大事的年轻人都清楚地知道,独立生活是走向成功的第一步。选择独立生活,对于培养良好的品质、锻炼适应环境的能力,都有很大的好处。

年轻人有没有独立自主的习惯,从他的生活方式中就可以看出来。如果他足够聪明,他就要学着独立地去生活,自主地去做些事情,一个成大事者是不会在生活中依赖他人的。

在几十年的艰苦创业过程中,李嘉诚白手起家,经过不懈的努力,建立了多元化的企业王国。从开办塑胶公司到投资房地产业,再将视野投向信息产业,成为移动电话大王。在海外的投资范围也非常广,遍及世界21个国家和地区,重点投资项目包括地产、港口、通信、酒店、零售、基建、能源七大项。

李嘉诚早已成为华人富商,但他时刻不忘回报社会,捐助福利事业。

李嘉诚不仅自己做到了自强自立,另外他还非常注重培养两个儿子的人格与品性。在其子李泽钜和李泽楷八九岁时,不仅让他们列席董事会做"旁听",还让他们发言"参政议政",学习父亲以诚信取胜的学问。后来,两人都以优异的成绩从美国斯坦福大学毕业,想在父亲的公司里施展宏图,干一番事业,但李嘉诚果断地拒绝了,他说:"我的公司不需要你们!你们还是自己去打江山,让实践证明你们是否合格吧,合格后再到我公司来任职。"就这样,兄弟俩去了加拿大,一个搞地产开发,一个投资银行,他们克服了重重困难,把公司和银行办得有声有色,成了加拿大商界中出类拔萃的人物。

李嘉诚是不爱自己的孩子吗?当然不是,他之所以那么的"冷酷无情",把孩子逼上自立、自强之路,正是为了陶冶了他们勇敢坚毅、不屈不挠的人格和品性,事实也证明了他的做法是正确的。

一位美籍华人曾谈起过他在美国的一段经历。为了让16岁的儿子能够成才,他狠下心来,把他送到一所远离住家却十分有名的学校去念书。那个稚气未脱的孩子每天都需要转3次公共汽车,换两次地铁,穿越纽约最豪华和最肮脏的两个街区,历时3个多小时才能到达学校。纽约的地铁众所周知,是世界上最乱最不安全的地方之一,每天都有抢劫、强奸,甚至杀人的事件发生。为什么这位朋友不让自己的儿子在附近的高中就读,而要冒那么大的风险,整天奔波于危险之中呢?

一方面固然是为了儿子以后能考上美国最好的大学;另一方面更是源于这位美籍华人思想中的独立生存的观念。在美国,16岁的孩子应该是具有独立人格和精神的。这位美籍华人始终认为:在人生的旅途上,每个人都要经过这一关,都要穿越这样的危险地带,否则就难以在错综复杂、险象横生的环境中生存下去。他告诉儿子说:人生的道路是危险的,因为人生只有去,没有回,走的是只能经过一次的路线,而每一步踏上的都是自己不曾熟悉的道路,若稍有不慎,你的整个人生都将遭到打击或挫折。所以他在给儿子的信中语重心长地写道:"年轻人,你渐渐会发现,当你个人独行的时候,会变得格外聪明。当你离开父母的时候,你才会知道父亲是对的。"年轻人应该养成独立生活的习惯,并且用这种习惯去面对世界,面对生活中的一切。

很多的时候,也许你会觉得社会太黑暗,你会抱怨别人太势利,感受了人世间的冷暖之后,你会变得孤独、寂寞,总有许许多多不可名状的情绪要发泄。这时,你应该想一想:这是为什么?其实,你只是在潜意识里认为自己只不过是一个"孩子"——外表成熟而内心却仍然依附着过去扶持着你的那些力量而生存的一个孩子。也就是说,你还没有独立,不能独自承担许多事情。所以你活得不顺心、不积极,没有做好自己该做的事,没有找准自己的位置。

独立,对于我们每个人而言,都显得不可或缺。生活的一切,都只能靠你自己,别人的帮助永远只能作为参考,你自身就是你自己的生存环境之一,你才是你自己的主人。鲁迅先生的故事不知被多少人传诵:在鲁迅小时候,由于家道败落和父亲生病,还是孩子的鲁迅过早地承担起了家庭的重担,他不仅要学习,还要每天往返于药店与当铺之间,为生活而奔波。可即便如此,他还是不忘自强不息地奋斗。一次,由于上学迟到,老师对他加以批评,鲁迅从此在自己的书桌上刻上了一个"早"

字，这不仅仅是对自己的提醒，更是一个人人生观的体现：自立、自强。

当一个年轻人独立了，放弃依赖性，真正为自己负责的时候，他就会变得无比强大。养成独立生活的习惯，是你走向成功的第一步。

在我们生活的环境中，社会的进步使人与人之间的关系出现了变化，每个人都充满了智慧，又都有一副适应自己人生经验的"如意算盘"。然而，谁也无法在课堂上、书本中和家庭里教会年轻人如何自如地处理各种复杂的社会关系、人际关系和利害关系，如何克服自身的惰性和弱点，以一个成熟者的目光来审视世界上的一切。只有独立地去面对，去体验，才会获得这些知识。正如一位先哲所说：若想让小鸟学会飞，就让它飞吧。

每个人都可能有这样的经历，被一位朋友领着穿过几条不曾到过的小巷，去一个陌生的地方，第二次自己来时，竟然无法辨认上次走过的路线；如果当初第一次去的时候能走一路问一路，再来时我们就能十分确定地找到要找的目标——这就是独立的境界。

独立的境界是美妙的，独立的习惯却是需要我们自己去学习和培养的。要独立地面对社会、面对自然、面对自己、面对生活。

独立的习惯是成大事者应该必备的条件之一。一个独立的人，他会坚守信仰，保持自我。只有这样，才能够在你的人生道路上不迷失方向，才能为自己的人生涂上一道亮丽的色彩。

养成独立生活的习惯，这种习惯会在成功的路上助你一臂之力。年轻人学会独立生活，拥有了独立的"人格"，你就拥有了成功者必备条件之一。

第七章
路上少不了质疑和嘲笑,但,那又怎样

1. 常怀感恩的心

> 生活是美好的，但并非天生如此，你的美好都是别人给的，所以，要想继续美好地生活，请懂得感恩。
>
> ——成龙

感恩之情是滋润生命的营养素，是人生快乐的"心眼"。如果我们每一个年轻人都怀有感恩之情，那我们的社会将会变得更加和谐，更加亲切，我们自身也会因为这种心理的存在，而变得愉快和健康起来。

在新中国成立六十周年之际，成龙与词作者王平久和曲作者金培达合作，创作了《国家》这首歌。谈及与这首歌曲的情缘，成龙毫不讳言地表示："我经常问自己，我的国家在哪里？我是什么人？""直到香港回归以后，我终于找到了自己的国家。所以，现在我想要不断地为自己的国家出一点力，告诉大家我是一个中国人。"

当下有很多年轻人崇洋媚外，成龙提出了自己的看法，他认为大家应该"崇中"，崇我们自己的国家，但崇洋就等于不爱国吗？

成龙对此也有自己独特的看法，他说："我也到外国去，我也学外国文化，但是你要先继承自己的文化。很多人已经忘掉自己的文化了，他们都不懂自己的文化。有时候我也拍外国片子，我也讲英文啊，但是一出来我就是中国人。现在很多人没有一个目标,先是崇日、崇韩,其实他们不知道全世界现在都在学中国文化,在美国超过150万人学中文,但是我们这边有些人没有出去不知道,其实我们中国文化是最牛的。但是我们也要学外国文化,大家的文化沟通了,才不会有误会。我们中国人在美国讲'那个、那个',英文发音就是'黑奴'的意思,所以要学人家的文化,但是千万不要忘掉自己的文化。"

"以前我儿子嘻嘻哈哈用外国的一些动作和我打招呼,我就骂他,不要给我做这个动作。你和你的兄弟一起的时候可以这样,但是要尊师重道,讲礼义廉耻。我跟儿子讲不要这样子,你回到中国要学中国文化,后来他回来以后,主动跟我讲要放弃美国国籍,要入中国籍,这是我值得骄傲的事情。"

让我们读读下面这则小故事,来体会一下感恩的力量。

瞬间,这些饥饿的孩子仿佛一窝蜂似的涌了上来,他们围着篮子推来挤去大声叫嚷着,谁都想拿到最大的面包。当他们每人都拿到了面包后,竟然没有一个人向这位好心的面包师说声谢谢,就走了。

有一个叫依娃的小女孩却是例外,她既没有同大家一起吵闹,也没有与其他人争抢。她只是谦让地站在一步以外,等别的孩子都拿到以后,才把剩在篮子里最小的一个面包拿起来。她并没有急于离去,她向面包师表示了感谢,并亲吻了面包师的手之后才向家走去。

第二天,面包师又把盛面包的篮子放到了孩子们的面前,其他孩子依旧如昨日一样疯抢着,羞怯、可怜的依娃只得到一个比头一天还小一半的面包。当她回家以后,妈妈切开面包,许多崭新、发亮的银币掉了出来。

妈妈惊奇地叫道："立即把钱送回去，一定是揉面的时候不小心揉进去的。赶快去，依娃，赶快去！"当依娃把妈妈的话告诉面包师的时候，面包师面露慈爱地说："不，我的孩子，这没有错。是我把银币放进小面包里的，我要奖励你。愿你永远保持现在这样一颗平安、感恩的心。回家去吧，告诉你妈妈这些钱是你的了。"她激动地跑回了家，告诉了妈妈这个令人兴奋的消息，这是她的感恩之心得到的回报。

这个故事告诉我们：对生活怀有一颗感恩之心的人，心态是平和的，心情也总是很愉快的，而那些常常从不感恩生活的人，他们总是身在福中不知福，即使遇上了福，也不会认为那就是福，他们是无法从其中体会到快乐的。

那么我们怎样才能培养感恩的心态呢？

首先，懂得感恩。

在现实生活中有很多年轻人，他们这也看不惯，那也不如意，怨气冲天，牢骚满腹，总觉得别人欠他的，社会欠他的，从来感觉不到别人和社会对他的生活所做的一切。一位哲人说："世界上最大的悲剧和不幸就是一个人大言不惭地说，'没人给过我任何东西'。"

我们每个年轻人都明白自然界中生物链的道理，生命的整体是相互依存的，任何生物都不可能不依赖于别的生物而独立存在。无论是父母的养育，师长的教诲，配偶的关爱，他人的服务，大自然的赐予……人自从有了自己的生命起，便沉浸在恩惠的海洋里。当一个人真正明白了这个道理时，就会感恩于大自然的福佑，感恩于父母的养育，感恩于他人的帮助，感恩于社会的繁荣，感恩于食之香甜，感恩于衣之温暖，感恩于蓝天白云的赏心悦目，感恩于苦难逆境的磨炼。他的一生就会是快乐的。

其次，学会"施与受"。

要想活得幸福快乐，你必须学会"施与受"的艺术，因为这正是维持文明生活所必需的血液。一个人若只知接受他人的恩惠与施舍，必然永远不会快乐。如果一个人的一生只紧紧抓住金钱不放，或是像只被宠坏的小狗那样接受其他人赠送的礼物——那他们都不会感到幸福快乐的。

当一个人从他丰富的仓库中拿出一部分幸福送给别人时，他会感到更加幸福。因为他将忧愁变成喜悦，把恨变成爱，在他的眼中世界永远是美好的，人永远是幸福的。

当一个人帮助他人时，其实就是在帮助自己。他会觉得与他人之间有一种亲密的感觉，自己也是个对世界和社会很有贡献的人。此外，接受他帮助的人定会对他十分感激，在这个由人组成的社会中，他会感觉更舒服、更幸福。

最后，做一个知足者。

幸福是一种感觉，一个人只有当他自己觉得幸福的时候，那才会真正拥有幸福；相反若他自己感受不到幸福，那么他永远都不会懂得真正的幸福之所在。知足是一种获得幸福感最为廉价的方式。一个贪得无厌的人，即使拥有再多的财富、再高的地位，总是不满足，总没有幸福感；而知足者，却能在极为简单的物质条件下，得到满足和快乐。

学会感恩，让感恩之情来滋润我们的生命，这样，你即使在最简单的生活中，依然能找到快乐。

2. 因为年轻，所以没有选择

> 我的骄傲不在于我的事业成功不成功，这个骄傲，指的是我的事由我自己来做，不是依附在别人身上，不是因为情感或是别的交易。
>
> ——李宇春

依赖性是很多年轻人不能成大事的劣根所在，这种人习惯于把希望寄托在别人身上，而自己不想也不愿出一点力气。总是在心理上依赖父母、老师、上级、朋友的人，总是在等待某些人来安抚或帮助自己。但依赖别人等于把自己的一生听任别人摆布，没有一件事情是做给自己的，成功也永远不会眷顾到这样的人。全球首富比尔·盖茨认为："一个完全健康的人特征之一就是有充分的自主性和独立性，自己才是自己的主人。""没有什么救世主，只有靠我们自己"应成为你走向成功的座右铭，学会独立生活，拥有独立的品格，就等于拥有了走向成功的必备条件。

2005年，李宇春获得"超级女声"总冠军，同年10月，登上美国《时代周刊》封面。2006年，推出首张个人专辑《皇后与梦想》，创立个人品牌演唱会"Why Me"。2008年，推出概念专辑《少年中国》，获得MTV亚洲音乐大奖中国最受欢迎歌手奖。2012年获得韩国MAMA亚洲最佳歌手奖。2015年4月，获得酷音乐亚洲盛典年度最佳专辑奖。

"我不想成为留名青史的人。"黑色帽檐下，一张干净、从容的小脸，微微上翘的嘴角写满倔犟和坚持。

如果让李宇春从新专辑里找一首歌形容她的生活状态，她会说，《失心疯》。

"我有失心疯的状态，比如半夜已经睡了又再爬起来，比如穿着拖鞋在镜子前跳舞，"说完，她又会露出小虎牙笑着补充，"也不算特别契合啦，那个歌的内容本身是情歌。"

"我周围的朋友都说我是个没有生活的人，"李宇春说，直到她"消极怠工"地跑到英国旅行了一圈，才发现原来生活那么重要，"旅行回来后，我的工作效率明显提高很多。现在，我会想要每年有个假期去旅行。"

在错综复杂的娱乐圈，在各种花边新闻充斥的嘈杂中，出道多年，李宇春鲜有负面新闻传出。

"我在这方面是骄傲的人。我的骄傲不在于我的事业成功不成功，这个骄傲，指的是我的事由我自己来做，不是依附在别人身上，不是因为情感或是别的交易。"

她似乎是一个不太喜欢表达的人。当不少明星忙着在博客和微博上占领宣传阵地时，她还在矜持地保护着自己内心深处的私人空间。

"我是个极注重私人空间的人。除了工作之外，我不太愿意暴露自己的想法，"李宇春挠着下巴，"我不是一个善于表达的人。但是通过音乐表达呢，我就觉得还好，因为除此之外我也没别的渠道了。"

因为年轻，所以没有选择。相信在音乐的道路上，李宇春会越走越远。

彭晖原是一名优秀的学生，从小学到高中毕业，学习成绩一直名列前茅。每次期末考试之后，他总是问老师："这次谁考第二名？"因为他知道，自己准是考第一。然而就是这样一个高智商的优秀生，在生活上却是一个低能儿。

从小学到中学毕业的十二年，由于他学习成绩好，深得学校老师们的称赞和父母的厚爱。父母为了使他集中精力读书，成为一个有出息的人，家中什么活儿都不让他干，做饭、洗碗、洗衣服等事，从不让他学着干，甚至连他的床铺也是父母替他收拾的。每次吃饭也是母亲把饭端到他跟前，真可谓饭来张口，衣来伸手。因此，到他十七八岁时，和他同岁的孩子，什么活都能干，也都会干，而他却连叠被子、洗碗的基本生活能力都不具备。

高考结束后，彭晖以全县第一名、全省第三名的优异成绩，考入了北京大学。这一振奋人心的喜讯，给彭家带来了前所未有的欢乐，亲戚朋友都投来羡慕的目光，称赞他了不起。同年8月，彭晖以无比兴奋的心情，来到了首都，跨进了令人向往的北京大学，实现了成为一名大学生的梦想。然而，大学生活没多久，由于缺乏基本生活能力，不会买饭，不会洗衣服，不能独立生活，他感到十分苦恼，尽管同学们也给了他应有的帮助，但还是解决不了他的实际生活问题。在这种情况下，他只好向校方申请休学，学校根据他的实际情况，批准了他的申请。

第二年开学时，学校给他寄去了复学通知书。但谁也没有料到，接到复学通知书的彭晖，居然因惧怕离开父母后自己不能独立生活而悲观厌世，在这种思想的驱使下，他纵身从五楼跳了下去，过早地结束了自己的生命。

有一位学术界知名的学者曾告诫青年学生们说:"如果你过分依赖别人,那你便会上当,因为你不能辨别别人的话究竟是对的还是不对的,你对于别人的动机也就茫然不知。"

如果想要做一个成功的人,那就应该是个品格独立的人,首先应该学会对自己负责。当我们陷入困境,遭遇孤独的时候,如果仅仅是去抱怨社会冷漠,别人自私,这只说明我们对外界的依赖性太强,自身太脆弱。

依赖别人,是阻止我们走向成功的绊脚石,要想走向成功我们必须把它踢开。

3. 没有武器的时候，请自备勇气

> 其实所有人的人生都是一样的，有圆有缺有满有空，这是你不能选择的。但你可以选择看人生的角度，多看看人生的圆满，然后带着一颗快乐感恩的心去面对人生的不圆满——这就是我所领悟的生活真谛。
>
> ——邰丽华

人生战场上的幸与不幸，常常只在于你面对它的态度。一个拥有积极心态的年轻人，应该坦然应对生活中的种种磨难，握紧手中的勇气，不畏艰险，逆流而上。只有经过地狱般的磨炼，才能炼就出创造天堂般的力量；只有流过血的手指，才能弹出人间的绝响。

只有不幸的人，没有不幸的人生。我们的不幸常常在于我们没有在不幸中发现并抓住机会，反败为胜。

张爱玲说："生命是一袭华美的袍，上面爬满了虱子。"张爱玲用这句名言给自己灿烂而凄惶的一生下了注脚，也道出了人生粗看华美，细读却有无数自知痛苦的真相。张爱玲是一个爱情至上的女子，失败的爱情让她似乎"看破红尘"，这种生活态度是比较悲观的，这和张爱玲自己的生活状态息息相关，所以在我看来这不是人生的至理。

第七章 路上少不了质疑和嘲笑，但，那又怎样

13岁的邰丽华只身到武汉上中学，并开始在一些场合崭露头角。15岁那年，中国残疾人艺术团的艺术家们挑中了她，让她到该团学习舞蹈。从此，她开始正式接受舞蹈训练。

刚进团的那会儿，她的舞蹈基本功是最差的，甚至连踢腿都不会。老师考验她的第一支舞就是《雀之灵》。毫无疑问，对于没有专业基础的邰丽华来说，这几乎是一个天堑。压腿不到位，提腿不准确，手位不协调——在老师看来，她关于舞蹈的一切似乎都不尽如人意，尽管邰丽华已付出百般努力。最后，老师干脆将她一个人扔在了排练室里，自己拂袖而去。

不管怎样，一切困难在她眼里都是正常的，外面的惊涛骇浪在她心中都只是一汪静水，无法阻止她继续跳舞的脚步。起初她只能原地转几个圈，半个月以后就转到二三百圈，这让老师对她重新燃起了希望。一曲《雀之灵》有多少节拍，她没有仔细计算过，但老师作过一次测试，邰丽华凭着感觉舞完这700多个节拍，竟丝丝如扣。她唯一的方法就是记忆、重复、再记忆，到最后她心里已经有了一支永远随时为她响起的乐队。

以后她每天都要挤时间练习舞蹈，身上经常是青一块、紫一块的。她怕母亲看见了心痛，夏天的时候，总是捂着一条长裤子。有一天，妈妈趁女儿午睡时，悄悄地卷起她的长裤，发现了女儿腿上累累的伤痕，母亲震惊了，心疼得哭了起来，而邰丽华却笑着指着自己的胸口告诉母亲："我喜欢跳舞，一点儿都不觉得疼。"第一次出国表演时，艺术团的集训恰巧在冬天，邰丽华身穿棉袄进场，训练时则只穿一件单衣，但仍汗流浃背，膝盖也被磨得流血、红肿，可她却从不叫苦。她知道，自

己没有语言能力，希望舞蹈能成为自己的另一种语言。

正是凭着这种执着，邰丽华在众多的舞者中脱颖而出，她获得了一个又一个的舞蹈大奖，还获得了著名舞蹈家杨丽萍的赏识与指导。当杨丽萍亲眼看见邰丽华跳《雀之灵》时，感到无比惊讶："我创编了《雀之灵》这么多年，如果听不见音乐，我都不知道自己还能不能跳出那种味道来，而你竟然跳得这么好，真不简单！"她情不自禁地为邰丽华做起示范来。

如今的邰丽华，已经把自己融入了《雀之灵》。每当大幕拉开，舞台灯光亮起，舒缓的音乐声徐徐飘来，轻灵舞动的，仿佛就是一只美丽而充满灵性的孔雀，在寂静的山林、如茵的草坪、潺潺的溪畔，徜徉、漫舞……一颦一笑、一举一动，都那样出神入化，都那样恰到好处。人们欣赏到的，并不只是美丽动人的雀之形，而是充满神魄和魅力的"雀之灵"。

邰丽华用积极的态度面对生活，用感恩的心去对待人生，在随后的舞台生涯中，更造就了光辉灿烂、大放异彩、空前绝后，乃至震撼人心的"千手观音"。这一切归根结底，都源于她对生活的爱，源于她心存美好。

所以，用美好的心灵看世界，生活就会多几分明媚。

即使你像一只小松鼠或只是一颗微不足道的螺丝钉，只要你愿意献上自己，都会得到别人美好的祝福。你不能事事要求完美，因为现实总有不如意的存在。而面对现实，不管你选择的是接受还是改变，你都可以化腐朽为神奇，创造一段神话。真的，只要你愿意。同样，未经你的同意，也没有人能让你感觉卑微，因为卑微不是别人给予的，而是自己感知的。

恐惧并不是与生俱来的，它只不过是过去的经历和生活环境所造成的。例如，一位名叫比尔的年轻人，他的父亲向来认为灾难只不过是临时的挫折，它终究能被勇气和毅力所克服。比尔在父亲的影响下喜欢上了冒险，他总是相信自己有能力解决问题。恰恰相反，费尔的父亲用毕生的精力来保护自己和他的家庭。对工作变动及被"炒鱿鱼"，他总是胆战心惊，由于怕出车祸，他也不敢去度假。生长在这样的环境里，费尔自然而然地变得胆怯和紧张。

有些人总喜欢给自己一些限制，不敢去尝试新的事物，他们总是在心中对自己说："我不能！""我不会！""我不喜欢！"于是，让自己遗憾地在原地踏步，无法突破。

"我不能！""我不会！""我不喜欢！"这样的话语，其实都是自己用来吓自己的。它虚拟了很大的障碍，阻挡我们前进的道路。说穿了，这就是要使自己主动放弃，逃避付出努力，且毫无愧疚之心。

无论发生了什么事情，平静地带着微笑去面对这个世界，这需要极大的勇气。永远相信自己，不要随波逐流，这更需要勇气。送给大家这样三句话：有度量去接受你不可以改变的事情；有勇气去改变你可以改变的事情；有智慧去辨别这两者的不同。

4. 用信心支撑行动

> 我的个性其实自我又不自我,"自我"的是我不会轻易改变自己的原则,"不自我"的是会考虑别人的感受。
>
> ——陈鲁豫

信念是人生获得成功的首要保证,要有成功的信念,才能在追求成功的道路上迈开大步。但是,我们不能去空想,不能怨天尤人,不能对这个世界牢骚满腹,要去实践,要行动。千万不要将眼光只盯着别人成功的结果,而应更多地注意别人成功的过程。所有成功学研究者都告诫我们,你应该在这个世界上找到适合你的位置,找到合适的人生坐标,找到让你发挥潜能的工作,找到你能够做得最好的工作,而不是你想做或是你能做的工作。那么,你就有可能获得成功。

陈鲁豫在电视荧幕上给人的印象是一个格外娇小的女孩。作为电视节目主持人,有这样一副稚气的面孔也许会是一种不太有利的因素。但是鲁豫,个子小小的鲁豫,面对观众的时候总保持着浅浅的笑容——不讨好、不撒娇也不媚俗,不失恬静,却也有着让人镇定和信任的魅力。

"我是在自我而真诚地做着我的节目,"鲁豫很认真地说,"我的个性其实自我又不自我,'自我'的是我不会轻易改变自己的原则,'不自我'的是会考虑别人的感受。我做着本色的节目，十分舒服。"

"我的五官不是那种特别靓丽的人。对，我不是特别漂亮的人。"鲁豫这样客观地评价自己的长相。她说好多人都说她现在比以前漂亮。原因是自信——人自信了，就有魅力。虽然鲁豫也承认自己从一开始也是特别自信的。

问及这份自信来自哪里，鲁豫笑了："我想应该有一部分是天生的吧，还有就是和成长的环境有关。因为小时候，6岁上学以前，我是和爷爷、奶奶生活的，他们对我十分呵护、宠爱，有时甚至可以说是溺爱了。在这种环境中，我受到的鼓励和赞扬就比较多，于是对自己就会比较有信心。"参加工作后，可人聪慧的外表、主持节目的成功，令鲁豫有了更多自信的理由。

自认已经成熟的鲁豫，拥有外在和内在的自信：自信于自己的形象、自信于自己的品位、自信于自己的事业，还有现在甜蜜的婚姻……内与外的平衡和自信，让鲁豫焕发出个性的魅力光彩！

有一名大学生就读于某名牌高校。在学校时，他的学习成绩和能力是班上最优秀的，到毕业时有多家公司愿意聘用他，且待遇相当丰厚。但他的想法却是要进部委，走从政之路，光宗耀祖。于是，他想方设法进了国务院一个部门，开始从杂务做起，每天打开水、扫地。过了几天，他心理开始不平衡，我是高材生，怎么天天只做这些小事呢？于是他做事就不太认真，也不投入，心中还颇有怨言，经常与周围的同事为一些小事而争吵，给领导留下了一个很不好的印象。结果这位高材生一直未被重用，始终是一个小秘书。这个时候他又开始后悔，想再去从事原来的计算机专业,但已经荒废了,而当年那些成绩和能力比他逊色的同学却在一些计算机公司担任了重要职位。所以,一个人的人生价值能否得到充分体现,关键在于他能否找准自己人生的立足点,找准自己在人生舞台上该扮演的角色,无论是主角还是配角,这就是你想做的和能做的区别。

里约奥运会游泳比赛前,孙杨就在电话里告诉爸爸妈妈:"我现在的状态不错,很有信心,400米的金牌就是我的!"在睡觉前,孙杨又给妈妈打了个电话,开玩笑说:"你明天要早点来啊,看见你在现场,我的心里就会踏实了。"

彻底相信自己,吸引全世界的能量,充分运用吸引力法则,孙杨做到了。

法国有一位著名的心理学家,叫伊尔·索尔芒,调查了全世界18个贫困的国家,得出来的结论是:人类最大的敌人不是灾祸,不是瘟疫,不是令人憎恨的战争,而是自己。自己的懦弱,自己的虚荣,自己的恐惧,自己都不相信自己的时候,你就什么都完了!

所以,"相信自己"很重要。一个人若相信自己,相信世界很美好,那么他所见到的人都会很友善,世界也会很美好。一个人若不相信自己,怀疑一切,那么他周围的人就都很狰狞,世界也一片黑暗。

"我忧则人忧。"所以,这个人虽然很蠢,很笨,但是他很憨厚;这个人慢条斯理,但他有沧桑的经历;这个人毛手毛脚,但他有青春的活泼;这个人很狡猾,但他很聪明。因此,要去看别人好的方面,不要看坏的方面。同时也要严格地要求自己,呈现给别人美好、动人的东西,给人以自信、好的感觉，这就叫"人格魅力"。

一个缺乏信心的人，就如同一根受了潮的火柴，是不可能擦出希望之火的。罗宾开讲习班的时候，经常会有人来问他："我如何才能够培养出信心来？"罗宾的回答是：信心一次产生一点点。反复是培养信心的办法，因为通过不断地向潜意识发送指令，你就会建立和培养起信心来。反复不断地发送到潜意识里面的任何想法，最终都会在潜意识里表现出来，而且会反映在你实际生活中。信心是一点点建立起来的，拥有的信心越大，你就变得越强。

信心是一种心理状态，可以通过自我暗示培养起来。如果通过反复不断地确认，相信自己会得到自己想要的东西，然后传递到潜意识里面去，它就会带来成功，因为它的主要任务就是要让你实现自己的人生目标。它看不到任何障碍，也没有任何限制，它只做潜意识让它去做的事情。

信心可以移山，可改变历史的进程，可治疗伤痛，也可以创造财富。从直觉上看，我们感觉到自己生活中存在的信心的力量，有很多种表达方法可以说明这一点："对自己和自己所做的事情要有信心。"我肯定，一定有人告诉过大家说："坚持下去，要有信心，一切都会好起来的。"这样的人是在鼓励你用自己的一系列行动来坚持住。信心是成功的基础，也是对于失败的唯一已知的疗法。

现在就是做决定的时候了。你可以从现在开始你一生中最伟大的旅行之一，根本没有任何限制。知道自己应该做什么而又不去做，这是你对自己犯下的最大错误。有了优势而不去利用这个优势，使它在自己的生活中创造神奇，也是人生的悲哀。你所具备的能量并不是偶然来到你身边的，是与生俱来的神灵祝福，是要用来实现缔造者要你去实现的人生目标的。

但是,你还有自由意志,还有许许多多的诱惑在分散你的注意力,让你无法全心全意地自我实现。

千里之行,始于足下。现在到了你开始伟大旅行的时候了,发挥自我实现的巨大力量,要知道,为你自己和你所关爱的人获取智慧的好办法莫过于从脚下开始。

5. 就算再想哭，也要微笑着说话

> 不抱怨，为了家人和自己，快乐地活在当下。
>
> ——林依晨

对于打算迈向成功的我们来说，社会还是一个与我们之前生活不大一样的地方。在刚刚步入充满利益关系的职场时，因利益分配不公、受到排挤或者不适应工作环境等因素，可能会有很多不如意。这时，最容易体现出我们不成熟的一个反应就是抱怨。

看到好友许玮伦生命垂危的那一幕，林依晨了悟了一个道理：就是"活在当下"。林依晨说："出道后，我很少跟外界谈到自己单亲家庭的背景。5岁那年，父亲就离开了家，母亲怕我们难过，总是骗我们说，爸爸到外地出差，所以一年才见得到几面。"

母亲是一名小会计，但所赚的钱根本不够付房租、孩子的学费和日常开销，为了养活林依晨和弟弟，前后办了十张现金卡，以债养债，十几年下来负债滚到300多万元。

当时，就读于政治大学韩文系二年级的林依晨浑然不知，直到主演偶像剧《十八岁的约定》一炮而红，酬劳大笔进账时，母亲才告诉她负债的惨况，她倒吸了一口气。

"知道这件事情后,自己很郁闷,就常常向母亲抱怨这抱怨那,但当我平静下来后,接受了母亲为这个家负债的事实,所以我决定扛起责任来,让母亲松一口气。"

于是,林依晨成了演艺圈最"抠"的省钱专家,拍戏赚的钱严格分成十份,九份给母亲,剩下的一份再以"二比二比六"的方式,分成三个储蓄簿保管:"六"是存了不能提领的钱,"二"是存进去非到必要才能提领的钱,另一个"二"才是自己的生活费。

从每集几千元到数万元的身价,林依晨始终只用最"低"的生活水平来对待自己。有的偶像团体请了三个助理,她一个人扛着大包、小包的戏服,戴上口罩坐公交车、搭地铁、看二轮电影,全然不顾别人异样的眼光。

庞大的债务一还就是三年,当她拿剪刀一张又一张地"剪"掉母亲的现金卡时,新的债务又来了。"我一直瞒着母亲,自己和父亲保持联络,希望修复一家人的关系。没想到,父亲做了十几年的汽车销售员,生意越来越差,最后只剩下底薪1万元,根本不够租房子、吃饭,加上过去投资生意失败的100多万元债务,生活很困难。"

为了圆家人团聚的美梦,林依晨咬牙又再度撑了三年。三年来,她严格要求自己把赚来的钱分成"一比六比三":十分之一是自用,另十分之六付房贷,余下的作为家用。2008年她终于买下东区一栋价值2000万元的老屋,还偷偷从自己存款里挤出100多万元,还清了父亲的债务。

也许是一家人的生计激励了林依晨的斗志,这些年,林依晨的脸庞依旧是"婴儿肥",却明显少了几许稚气,多了一丝坚毅。

谈起拍戏七年来的甘苦,林依晨坦率地说,回首来时路,她觉得人生苦中有甘，甘中有苦，她要小心翼翼、勤劳不懈地活下去。她说："人，要活在当下，只要活着，再困难的处境都有克服的机会。"

所以，当她的母亲两年前中风住院时，她就坚持要母亲辞去工作，生活费由她负责。父亲老了，需要一份安定的生活保障，她考虑了半年，决定请父亲担任自己的司机，由她每月支付3万元的薪资。"现在，我有两个超完美的助理，一个是我的母亲，她每天打理饮食给我补充营养；一个是我的父亲，让他做我的司机，既安全又足以百分之百信任。"

买了足以栖身的"家"，林依晨对自己不但没放松，反而更严厉了。她说，不管拍戏多晚，每天早上八点一定起床看书，大量阅读书籍和看电影，丰盈自己的演技，对她而言，"金钟影后"只是从事演艺工作的一小步，她期许未来自己做一名表演艺术家。

她始终相信，名气和财富仅是努力工作伴随而来的礼物，凭着努力与一家人幸福团聚，才是她"活在当下"的快乐人生。

抱怨，在特定的时刻，其实是一种符合人性特点的情绪。当心中怨气堆成小山，不抱怨反而会憋得难受，甚至会憋出疾病，而抱怨完了，心里就会舒服一些。从这个意义上来说，抱怨就像是一针有效的清醒剂，调节心理压力，能使暂时失衡的心态得到暂时的平衡，对心身健康是有一定益处的。

但是，如果在生活中有过多的抱怨，那么将对你的人生之路有害无益。"前程无忧"网站曾进行过一个有关"一网打尽，职场通病"的调查，结果显示，爱抱怨是影响职业生涯的通病之一。受调查者多数都认为，爱抱怨是受到老板冷眼的重要原因之一。一般来说，私下跟别人抱怨等于出卖自己，一旦老板对你有了爱抱怨的印象，你的职业前景就堪忧了。实际上，任何老板都不喜欢乱抱怨的下属，因为抱怨会让上司觉得你自私、消极，自以为是。甚至有老板说：在经济危机时刻，经常抱怨的职员将是首先考虑的裁员对象。

抱怨除了会引起上司的不悦外，还可能会影响与其他同事的关系。过多的抱怨可能会让人望而生畏，退避三舍。向别人抱怨自己遭受的不公，刚开始可能会有人表示同情，但往往爱莫能助，而抱怨太多最终只会拉远与他们的关系。你想，谁会真正同情一个见面就说"我真傻，真的"的"祥林嫂"呢？

经常抱怨会使人在信念上产生摇摆，进而产生"无所谓""差不多"的心理，使自己的人生发展道路越走越窄，甚至被迫中断。尤其是当前一些企业的生存状况不乐观，对于在职场打拼的人而言，不能只看一时，而要高瞻远瞩。

抱怨只能赢得一些宽慰之词，使不满得到暂时缓解。但是，持续的抱怨会使人在思想上产生动摇，会慢慢夺走你的热情，进而产生敷衍了事的心理，使自己的职业发展道路越走越窄，甚至被迫离开。

离开学校，我们迈入社会的激流中，作为一名职场人士，成功的也好，还在努力拼搏的也好，保持一个良好的心态是很重要的。为什么抱怨的人会说生活得这么累，因为他只看到了自己的付出，而没有看到自己的所得。你可能一直在抱怨你的工作差、工资少，为什么不为自己最起码没有到处去找工作而感到庆幸呢？你可能一直抱怨你没有一个好爸爸，为什么不为自己能有一个健康和爱你的爸爸而感到庆幸呢？如果减少对工作、对生活、对他人的抱怨，多采取一些有益的行动，那么逆境不但不会成为阻碍自己的不利条件，还会在一定程度上变成有利的因素。

其实，抱怨成瘾的最大受害者是自己。在现实工作中，有太多人虽然受过很好的教育，并且才华横溢，但在公司里却长期得不到提升，主要是因为他们不愿意自我反省，总是怀疑环境，对工作抱怨连连。在工作的主要表现为：一项任务交待下来后，如果上司不追问，结果十有八九会不了了之；有些事情，如果上级不跟踪落实，就很难有令人满意的反馈；还有的人面对布置的工作常常只会睁大眼睛，满脸狐疑地反问上司："怎样做？""这事我不知道啊？"爱抱怨的人通常很少积极主动地想办法去解决问题，也不认为主动独立完成工作是自己的责任，却将诉苦和抱怨视为理所当然。这样做的结果对自己只有百害而无一利。

相信自己，接纳自己，勇敢面对生活，不用操心别人，别人得到了是因为幸运也好，努力也好，我们都不必羡慕，更不必妒忌。人不能生活在真空中，更不能揪着自己的头发上天。任何一种环境总是由人去适应和改造的，要信任自己，战胜困难，远胜过无休止的抱怨。与其抱怨命运，还不如踏踏实实地大干一场，行动比抱怨更重要，前者让你打开成功之门，后者让你断绝成功之路。如果你不积极采取行动，那么就会失去许多可以使你获得成功的机会与途径，得不偿失。

如果你想改变不被别人或者上司赏识的现状，希望自己有更进一步的机会，抱怨绝对是无济于事的。相反，除非你戒掉了抱怨这个坏习惯，否则你终生都不会真正成功。然而，要摒弃抱怨、不思改善的习惯，并不是件容易的事。你必须认真对待自己的工作，明确自己在工作中应负的责任。你必须努力，只有这样，你才能达到改善的目的，享受到成功的果实。这就好像你正住在一间简陋的破屋里，心中梦想着宽大而明亮的客厅。要实现这个梦想，你先应该以认真的态度对待它而不能应付，你要明白让生活变得更美好，是每个人不可推卸的责任，然后要做的就是努力实践，那样再小的房间都可以成为你自己的幸福天堂。

如果你不清楚自己的目标，无法对未来或者对当下的工作倾注责任，那么就不要抱怨别人不给你机会。很难想象，人们如此善于抱怨，善于把工作中的不利因素观察得如此透彻，却无法将工作做好。

这的确是一件非常奇怪的事。如果那些一天到晚想着如何抱怨工作的人，能将这些精力及创意的一半，用到工作上，他们就有可能取得巨大的成就。要做到这一点，你必须在下定决心停止抱怨的同时，对自身的责任有更高层次的认识。更高层次的认识会让你获得更高层次的动力，使你能够从内部去观察，看到每项工作的真正本质。有些工作单从表面看，也许索然无味，一旦深入其中，你就会认识到其不同凡响的意义。当你从工作的平凡表象中，洞悉其中不平凡的本质后，你就会从抱怨的束缚中解脱出来，无聊厌烦的感觉也自然烟消云散，而你的工作也将重新充满激情。如此，你就会离成功更近了一步。

朋友们，请停止抱怨吧，充满激情地去工作、生活吧，成功是无法依靠抱怨来实现的，它需要你抛弃抱怨，重拾激情地走好每一步。

6. 把嘲讽照单全收

> 有一些东西当时觉得很难，现在回头看，不会说是很大的困难，所以也不会记起它。我要谢谢他们曾经看不起我，这也算是我努力的动力。
>
> ——杨幂

如果一个年轻人想有所作为，就要学会忍耐，在默默的改变中来告诉那些看低自己的人：你们都错了，我是一个优秀的人。

2006年年初，杨幂在电视剧《红粉世家》中饰演配角小桃。这部电视剧的场景繁多，拍摄周期长达半年，影响到了杨幂的正常学习。为了让爸爸妈妈放心，杨幂在工作之余，争分夺秒地自学各门功课。遇到不懂的问题，她就向导演和其他演员讨教。拍完《红粉世家》返校后，她的成绩并没有掉队，令老师和同学们大为吃惊。

后来，因为杨幂觉得要认真对待学业，所以尽量不占用上课时间外出演出。她也不去挑选剧本，而是交给经纪公司负责，因为有更重要的事情等着她去操心——就是台词课的考试。在杨幂看来，提高专业水准要比出席几次活动更为重要。几门功课里，杨幂最差的是声乐，因为从小没经过专业的声乐训练，说话带着老北京的音调，使得她每次在声乐课上就只会放开嗓门地唱。有几次，老师实在听不下去了，便拍拍她的肩膀说:"同学,你走调了!"

2009年,杨幂刚刚从电视剧《美人心计》的雪鸢角色里脱身,就马不停蹄地跑到上海继续自己的"刁蛮新娘"生活。在浙江横店拍电视剧的时候,她收工后除了读读小说,也没别的事情好做。从片场回到北京,杨幂看哪都是新鲜的,说北京真是"太洋气了"!

在广州拍摄电视剧《相逢何必曾相识》时,杨幂因为疲劳过度而病倒。然而,这位"资深"演员拒绝了爸爸妈妈来探望的要求。每天拍完电视剧后,她独自去医院打点滴。后来,在电视剧《天和局》中,杨幂饰演孙俪的妹妹,虽然戏份不多,但观众对她印象深刻。而这一切,都是杨幂带病换来的。原来,在拍摄时,杨幂得了病毒性感冒,而且极其严重。当时剧组所在的是云南一个非常偏僻的山村,缺医少药,最后是片方到城里找来一位医生,给杨幂打了10瓶点滴,就这样硬撑了一个星期拍了5集。一次,杨幂在博客里说出了自己的心声:"不让爸爸妈妈去探班,是害怕他们担心。有时候,我们要吊钢丝绳,拍摄一些爆破场面,我真的不想让他们太牵挂。不过,我会经常给他们打电话或是发短信,让他们知道我很好,很快乐,而且会很坚强地面对一切困难。"

当技不如人时,难免要受到他人的嘲讽,因此而沉沦或者是对对方产生嫉恨,并伺机报复都不是好的行为,正确的方法应该是在忍耐中默默地进行改变。

彼得·丹尼尔小学四年级时,常遭班主任菲利浦太太的责骂:"彼得,你功课不好,脑袋不行,将来别想有什么出息。"彼得当时非常消沉,感觉自己一无是处,同时,他也非常记恨这位老师,总是想方设法在她的课堂上捣乱,菲利浦太太忍无可忍,在校长面前说尽丹尼尔的坏话,

第七章 路上少不了质疑和嘲笑，但，那又怎样

最后校长勒令丹尼尔退学。退学后的丹尼尔依然是个混混，游手好闲，到了26岁时，他仍大字识不了几个，毫无建树。后来，一位朋友念了一篇《思考才能致富》的文章给他听，丹尼尔深受震动，他后悔自己把大好光阴都白白浪费了，此后，他完全静下心来，并买了好多书籍，开始刻苦研读。终于，在他36岁时，他成了著名的作家，后来他出了一本书，书名就是《菲利浦太太，你错了》。

这个世界上优秀的人如凤毛麟角，很多人都有过低人一等被别人嘲讽的境遇，但当你得到别人给你的"低度评价"时，千万不要太计较。因为暂时的低落并不能说明什么，如果能够忍耐，并默默为之改变，将来总有一天你会大鹏展翅，击水三千里。切记更不要为自己受到点滴屈辱而大张旗鼓地去进行报复，那样，你恰恰用你的行动印证了那些嘲讽。其实很多人，无论是在校的孩童，还是职场中的成年人，总会因为受到了别人的嘲讽而耿耿于怀，要么消沉，要么采取报复措施。实际上，人生的竞赛并不亚于一场马拉松赛跑，长跑中最为关键的是耐力，那些跻身第一排的起跑者，往往并不是最先到达终点的人，而那些曾经受嘲笑的人也未必不会有所成就。

贝多芬刚开始学习拉小提琴时，技术并不高明，他宁可拉他自己作的曲子，也不肯做技巧上的改善，他的老师评价他说：你绝不是个当小提琴手的料。

歌剧演员卡罗素美妙的歌曲享誉全球。但当初他的父母希望他能当工程师，而他的老师对他的评价则是：他那副嗓子是不能唱歌的。

爱因斯坦4岁才会说话，7岁才会认字。老师给他的评语是："反应迟钝，不合群，满脑袋不切实际的幻想。"他甚至曾遭到退学的命运。

法国化学家巴斯德在读大学时表现并不突出，他的化学成绩在22人中排第七名。

牛顿在小学的成绩一团糟，曾被老师和同学称为"呆子"。

罗丹的父亲曾怨叹自己有个白痴儿子，在众人眼中，他曾是个前途无"亮"的学生，艺术学院考了三次还考不进去。他的叔叔曾绝望地说：孺子不可教也。

《战争与和平》的作者托尔斯泰读大学时因成绩太差而被劝退学。老师评价他：既没有读书的头脑，又缺乏学习的兴趣。

如果这些人不能忍受别人的嘲讽而放弃了自己的追求，又怎么能取得举世瞩目的成绩？

学会忍耐，把嘲讽照单全收，并默默改变，去追求一种充实有益的生活，其本质是并不把夺第一看得高于一切，它只是个人对自我发展、自我完善和幸福生活的追求。那些每天一早到公园练武、练健美操、跳迪斯科的人，那些只要有空就练习书法绘画、设计剪裁服装和唱戏奏乐的人，根本不在意别人对他们的成果品头论足，也不会因没人叫好或有人挑剔就停止练习、情绪消沉。他们的主要目的不在于当众展示、参赛获奖，而是自得其乐、自有收益，满足自己对生活美和艺术美的渴求。

如果一个年轻人想有所作为，那么就要学会忍耐，在默默的改变中来告诉那些看低自己的人：你们都错了，我是一个优秀的人。

每个年轻人都难免要受到别人的讥讽，面对低度评价，你是勃然大怒，并试图伺机报复，还是学会忍耐，默默改变？最好的做法就是，经过长期量变的积累，在别人惊异的目光中，完成质变。要知道，要想成就一番伟业，没有耐性，不会隐忍，很难有所作为。

第八章
哪怕遍体鳞伤,也要活得漂亮

1. 不可丧失"再拼一下"的心态

> 再试一次,再拼一下,很可能,你这一试,就成功了。
>
> ——成龙

人生不能无希望,所有的人都生活在希望之中。假如真有人生活在绝望的人生之中,那么他只能是失败者。

一个人会遭遇失败危机与他丧失积极向上的心态有极大关系,因为缺乏积极向上心态的人,身上就会缺少一根筋——"再拼一下"!

成龙自幼家境贫寒。他在母腹中待了12个月,最后是动用剖宫产手术才得以出来,12斤的出生重量,使他父母欢喜之至,但昂贵的住院费却逼得父母差一点把他送给别人抚养,条件就是让人帮付这笔住院费。成龙6岁时,父母便把他送到学校读书,期盼他早日成才,但成龙却坐不住,经常带领一帮小伙伴上树、爬墙、打斗,对读书一点儿也不感兴趣。结果,期末考试两门功课不及格,父亲只好让他重读。可他依然如故,精力充沛,自由散漫,在学校待不住。父亲觉得该让他吃点苦头,才能好好学习。于是,带他到了于占元办的中国戏剧学校让他亲眼看一看一个力气不支的孩子在做倒立摔倒时被于占元用教鞭抽打的情景,好教育他认真读书,哪知小成龙反抱住父亲的腿恳求道:"老窦(父亲),我也要练武，剃光头，你答应我，答应我！"成龙父亲精心安排的计划落空，无奈只好告别于占元师傅回家。

从此，成龙一心想学武，坚决不肯回学校。面对父亲的打骂、母亲的规劝，成龙的回答都只有一句话："我要学武，不怕困难。"成龙闲着没事就在家里翻跟头，打把式，练习父亲教的小洪拳，学倒立等，除了读书，他什么都感兴趣。僵持了一段时间后，成龙的父母以失败告终，答应让成龙去戏班练一段时间试试，如果不行，就回来好好读书。这样，成龙终于去了于占元师傅的戏班旁听跟读。

成龙在于占元师傅那里试读不久，他的父母便要双双去澳大利亚，成龙一心想学武不愿去，就留了下来。成龙在"试读"期间，有时免不了贪玩耍滑，为这事他挨了不少鞭子。一次，他父亲从澳大利亚回来，见他身上的鞭痕，便心疼地说："儿子，跟老窦回去好好读书吧，不要再练武了。"

成龙坚决不肯，还说服父亲同意他按照梨园规矩，剃掉头发，正式拜师学艺，取艺名元龙。成龙懂事了，严格听从于占元师傅的指挥。这样苦学苦练了整10年光景，成龙不仅练就了扎实的武术基本功，还在皮鞭和棍棒下锻炼出坚强的体魄和意志，为事业上的成功奠定了基础。

成龙在离开戏班的两年里，拍了几部片子，但都没什么成绩，他自己也很着急，决心实干一番。1972年金秋，机遇终于来了。邵氏公司的王牌大导演李翰祥要拍一部取材于古典禁书《金瓶梅》的影片，叫《金瓶双艳》。成龙的机灵活泼被李翰祥看中，让他在片中饰演郓哥。成龙的演出比较成功，由此便在影视圈内崭露头角。

实际上，对于那些优秀者，他们不仅仅靠自己的聪明才智脱颖而出，还要靠"再拼一下"的心态克服随时都可能袭来的放弃心态。

绝大多数人之所以无所成就、默默无闻，只能在人生的舞台上扮演无足轻重的次要角色（如那些懒惰闲散者、好逸恶劳者、平庸无奇者），最重要的原因之一就在于他们缺乏"再拼一下"的积极心态。

不管一个人是多么的愚钝或愚蠢，只要他有着"再拼一下"的积极进取心态和更上一层楼的决心，我们就不应该对他绝望。

你或许会认为自己的生活平淡无奇，成就一番事业的机会和概率近似于零，但是，重要的并不在于你现在的地位是多么卑微或者手头从事的工作是多么微不足道，只要你心存改进的意愿，只要你不局限于狭小的圈子，只要你渴望着有朝一日成为万众瞩目的人物，只要你希冀着攀登上成功的巅峰并愿意为此付出切实有效的努力，那么你终将成功。正如胚芽通过大量的积蓄最终萌发出地面一样，你也将通过持之以恒的努力渐渐地远离平庸，拥有一个比较有优势的人生。

我们不应该根据人们现在所做的工作来对他们进行评判，因为这很可能只是他克服消极心态的踏脚石。判断一个人的标准应该是看他对克服消极心态拥有的抱负和确立的目标。一个诚实的人会做任何看起来并不高尚的工作，并以此作为通向成功之路的必经阶段。

在一个人的品位和内涵中，我们可以发现某些预示着他的未来的东西。他做事的风格，他对工作的投入程度，他的言行举止——所有的一切都预示着他会拥有什么样的未来。

"如果你只是一个负责冲洗甲板的工人，那也要好好干。就像海神随时在背后监督着你一样。"狄更斯这样说。在生活中还有这样一种情况，那就是一个人可能对现状极度不满，但他并没有任何改进自身危机的意愿，也不想付出努力来达成目标，而仅仅是对自己的身份地位不满。这意味着他丧失了"再拼一下"的积极向上的心态。

但是，当我们看到一个人在本职岗位上兢兢业业，想方设法地把每一件事都做得尽善尽美，以自己的努力和成就为荣，并在此基础上积极寻求进一步的发展和提高时，我们在心中确信他最终肯定能如愿以偿。在我们确切地了解一个人的理想和抱负之前，是无法对他做太多判断的。只要他具备毅力、恒心和信念，他完全有可能成为一个克服自身消极心态和发挥自身优势的人物。

要克服消极心态，不能缺乏"再拼一下"的积极向上的心态力量。当年轻的富兰克林尚在费城，为挣得一个立足之地而苦苦挣扎时，那儿精明的商人已经预测到了，即便富兰克林现在囊中羞涩，生活困难，吃饭、睡觉、工作都是在同一间小屋，但这个年轻人必定前程无限，因为他是如此全身心地投入工作，如此渴望着大展宏图，如此地乐观自信。他经手的每一件事都能做到尽善尽美，这一切都预示和象征着他未来的作为不可限量。当他还只是一个学徒期刚满的印刷工人时，他的工作质量就已经远远地超过别人了，而他的排版系统甚至比雇主的还要先进，人们纷纷预测有朝一日他肯定能取而代之，拥有自己的企业——历史证明他的确做到了这一点。

许多生活在偏僻乡村的人们没有机会接触更广阔的世界，因而也无从对自身的能力作出评判和比较。他们过着一种平凡安逸、宁静如水的生活，他们周围的环境中很少有什么东西能够唤起那些在日常劳动中不被经常使用的潜能。

对于一个生活在偏远乡下农场中的人来说，他"再拼一下"的积极向上的心态力量通常是在他第一次进城时被激发和点燃的。对他来说，城市就像是一个巨大无比的展览馆，里面陈列了每一个人的成就和业绩。弥漫和笼罩在整个城市上空的那种咄咄逼人、积极进取的精神就像是闪电一样击中了他，一下子唤醒了他身上沉睡着的所有能量，并激发他全部的潜能。他所见到的任何事物都像是一种不可抗拒的召唤，召唤着他奋起直追，召唤着他拼搏进取。

都市生活和四处旅行的好处之一就在于它提供了这样一种机会，可以使我们与形形色色的人进行接触，并在此过程中把我们自己与他人进行比较，衡量自身的能力与他人能力之间的高低。榜样的力量是无穷的，它通常具有强大的感染力，会鞭策我们前进。

和他人的接触也非常有助于激发我们的竞争心理和征服欲望，有助于我们全力以赴地与他人一较高低。

所以，当我们生活在都市或处于旅途中时，我们可以不断地得知他人做了什么，有何非同凡响的业绩。

我们可以看到惊人的工业成就、巨大的工厂和办公机构、繁荣的商业，以及所有人类成就的活生生的广告。

当所有这一切被一个有远大抱负的年轻人接触到时，会在他心中留下大大的问号和惊叹号——为什么他不能同样的出类拔萃呢？为什么他自己不尝试着也成为一个战胜自身危机的人呢？当他心中产生了这样的意愿，当他热切地渴望着去做某事并坚信自己肯定能成功时，他"再拼一下"的积极向上的心态力量也就在无形之中增加了几倍。

对你来说，积极的心态力量是什么？请看亚历山大大帝给出的答案。

亚历山大大帝出发远征波斯之前，他将所有的财产分给了臣下。

大臣皮尔底加斯非常惊奇，问道：

"那么，陛下带什么启程呢？"

对此，亚历山大回答说："我只带一种财宝，那就是'希望'。"听到这一回答，皮尔底加斯说："那么请让我们也来分享它吧。"于是，他谢绝了亚历山大分配给他的财产。

人生不能无希望，所有的人都生活在希望之中。假如真有人生活在绝望的人生之中，那么他只能是失败者。身处逆境的人，只要抱着积极向上的心态，就能打开一扇通向成功的门。

2. 不求理解，但求心安

> 从容，从容过属于你的一生就挺好，别光奔目标忘了看眼前的风景，该啥样就啥样，高高兴兴反正是命！
>
> ——宋丹丹

就如同你不能理解所有人做的所有事一样，你做的事同样不会被人理解。所以，做人做事不苛求，但求心安，这方是人生难得之佳境。

"她是演出了智慧、活出了常识的本心骑士。她不求理解，但求心安。她甘愿并正在做一个社会化的艺人，而不是一名谐星。她和房价较劲，和市政认真；她和潘石屹争论，和张伟平叫阵；她率直真实、敢说不讳，她让我们看到公众人物的世间关照。"2011年11月，著名喜剧明星宋丹丹获封"2011时代骑士"。一个年过半百的女性艺人如何变身骑士？她做出了怎样的举动得以代言时代？

宋丹丹起先是在电影电视上露脸，虽然也取得了不俗成绩，但始终没达到她心目中的高度，直到1989年，她演起了小品，才声名鹊起。1990年的《超生游击队》后，她成了家喻户晓的明星。1999年，宋丹丹与赵本山合作的《昨天今天明天》，更是让她红到了巅峰。

一天，宋丹丹到市场买菜，不少市民认出了她，一番指指点点后，对着她大笑起来。宋丹丹非常疑惑，我又没逗你们，干吗笑这么厉害？她低头看自己，是不是穿着不得体？没破绽。又去摸自己的脸，是不是沾了什么东西？也没有。疑惑逐渐变成羞愤，原来，人们笑她，仅仅因为她是个小品演员，这笑里没有多少尊重，而多半是取笑。她明星的架子端不住了，愤怒地与那些不怀好意的人对视。

此后类似的不可思议的事情频繁出现，她走在大街上，哪怕打个喷嚏，或者不小心绊了一下，都会引起人们的大笑。宋丹丹觉得非常伤自尊，她向朋友透露烦恼，有人直言不讳，说她长期跟赵本山搭档，长期走活宝路线，自然走到哪儿都被人当成活宝。

一语点醒梦中人，此后宋丹丹开始致力于证明自己不是一个只知道媚俗的"小丑"，而是一个百变的艺术家。不仅能演活宝的小品，也能演高雅的话剧；不仅可以演悲剧，也可以演喜剧；可以演漂亮的城市靓女，也可以演农村的苦难妇人；可以演年轻的，也可以演年老的。宋丹丹较真的劲儿上来了，有一段时间甚至只要在公众场合与陌生人在一起，她就表现得异常严肃。

更大的偏执是2002年以后，她宣布不上春晚了。这样一来，中央电视台急，全国人民都失落，舆论批评她作为春晚培养起来的明星，名气大了就甩春晚了，不知报答，而同样是春晚培养起来的赵本山，却每年顶着巨大的压力，照上不误。为此，宋丹丹明里暗里遭受了不少刁难。2006年她只好又回来，又跟赵本山合作，不过这变得非常慎重，从2006年的《说事》到2008年的《火炬手》，境界拔高了不少。

但2008年后，风波再现，赵本山到美国巡演，惹出一大堆负面新闻。很多人抗议其节目内容庸俗，言辞粗鄙。说他们的节目一讽刺残疾人，二讽刺肥胖者,三讽刺精神病患,把自己的欢乐建立在别人的痛苦之上。而赵本山本人出场时说了一句话"大概全中国的精神病人都在我赵本山刘老根队伍里",这又刺着了宋丹丹的痛处。自那时起,她对走活宝路线彻底厌倦了,撂出"哪怕刑事拘留也不再上春晚"的狠话。

宋丹丹丢了春晚,就等于丢了一半的前途,虽然话剧和电视剧继续演着,但却没有昔日春晚舞台风光了。人们以为,宋丹丹就此急流勇退,像其他年过半百的女演员那样,会慢慢淡出江湖。但2011年初,善于折腾的她很快找到了新的舞台,她开通了新浪微博,开始了在网络上的修炼。

宋丹丹在生活中寻找幽默的习惯,经过几十年的历练,此时达到炉火纯青的地步。譬如她看报纸,读到98岁的老太太跟高龄的女儿一起生活,便随手编了个段子发到微博上,说:"76岁的姐姐和72岁的妹妹吵架,98岁的妈妈批评姐姐说,你就不能让着她吗,她那么小?"宋丹丹去买电脑,看到推销电脑的都是年轻人,嘴里说的许多行话,一般人都听不懂,她又随手编了个微博:"老太太一边遛弯一边哼哼,我能想到的最浪漫的事,就是和你一起卖卖电脑。"把自己嘲笑了一番的同时,把老年妇女不甘落伍的心态也刻画了出来。

宋丹丹这种随口抖包袱的能耐,借助微博的庞大舞台发挥得淋漓尽致。如果宋丹丹只停留于挖掘生活的幽默,那么微博顶多也只是她单口相声的场地,但她偏偏还有较真的一面,偏偏还有敢说敢做的一面,她的较真和幽默借着微博的东风,制造出的就不止包袱了,还有辣椒水甚至炸弹。

理解，固然是很美好的，谁不渴望被理解呢？"理解万岁"的口号感动了多少人啊！然而事实上，由于年龄、性格、职业、知识结构、品德修养、生活经历等因素的影响，人和人之间有时是很难互相理解的。

于是，脆弱的人把许多精力放在"求理解"上，到处自我表白，宣扬自己，把别人不理解自己当作最大的痛苦，似乎他的生存、他的工作、他的事业，仅仅是为了让人家知道，做给别人看。这其中的道理是不言而喻的，就像你不是为了理解别人而工作一样，别人也不是为了理解你而生存，这是很自然的事。过分求人理解的人，一旦被误解了，便脆弱地感叹世态炎凉，社会无情。如果你过分希望得到理解，得到他人的赞成或默认，当你未能如愿以偿时便会十分沮丧，这正是自我挫败因素之所在。同样，当寻求理解成为一种需要时，你就会产生惰性，也就是说你将自我价值置于别人控制之下，由他人随意抬高或贬低，只有当他们决定施舍给你一定的理解之词时，你才会感到高兴。

人在生活和工作中必然会遇到反对意见，会被误解，这是体味"生活"而付出的代价，是一种完全无法避免的现象。有一位叫奥齐的中年人，他是一个典型的、过分渴求理解和赞许的人。奥齐对于现代社会的各种重大问题，如人工流产、中东战争、水门事件、美国政治等，都有一套自己的见解。每当他的观点受到嘲讽时，他不是坚持自己的观点，而是为别人的"不理解"而痛苦不堪，甚至最后反而对自己产生了怀疑。为了使自己的每一句话和每一个行动都能为人所理解，他花费了不少心思。有一次他和岳父谈话，表示赞成安乐死，而当他察觉岳父不满地皱起眉头时，几乎本能地立即修正了自己的观点："我刚才是说，一个神智清醒的人如果要求结束其生命，那么倒可以采取这种做法。"奥齐为了别人理解、赞同自己的观点，实际上不知不觉地修正了自己的观点，当奥齐注意到岳父最后表示同意时，才稍稍松了一口气。但这样去求得理解和赞许又有什么价值可言？

要想精神愉快，就要心理独立，提高心理承受能力，能得到别人的理解，固然很好，而他人不理解或者被误解了，这也无关紧要，你仍然要微笑着面对生活。

下面讲一个可以充分说明上述论点的小寓言：

一只老猫见到一只小猫在追逐自己的尾巴，便问："你为什么要追自己的尾巴呢？"小猫答："我听说，对于一只猫来说，最为美好的便是幸福，而这个幸福就是我的尾巴。所以，我正追逐它，一旦我捉住了我的尾巴，便将得到幸福。"

如果你希望得到理解和赞许，最为有效的办法恰恰是不去渴望、不去追求，不要求每个人都理解和赞许你。只要你相信自己，并且以积极的自我形象为指南，你便可以得到许许多多的理解和赞许。当然，一个人不可能事事都得到每个人的理解和赞许，但是，如果你认识到自己的价值，在得不到理解和赞许时便不会感到沮丧。你将把反对意见视为一种自然现实，因为生活在这个世界上的每一个人都对世事有着自己的看法。

3. 20多岁，学会快意人生

> 人，要活在当下，只要活着，再困难的处境都有克服的机会。
>
> ——赖东进

人生不如意十有八九，现在的年轻人很多漂在某个城市的角落，不但压力大，而且还经常感到孤独与失败。那么该如何快意人生，在当下用力地活着呢？

当你二十三四岁的时候，你想得到社会很多评价比较难，所以这个时候你唯一需要做的就是增强自我的能力，建立自己的价值系统，你要做什么事情就去做，不管别人怎么说。因为在20多岁刚进入社会的时候，你扮演的角色是后备队员，是足球爱好者，到30岁能混成板凳运动员，到40岁差不多才能上场踢球，那20多岁这个阶段如何快意人生呢？那就是要用理想来鼓舞自己，用时间来检验自己，用些许的成功来安慰自己。当然个别人，像丁磊、李彦宏，他们在20多岁已经小有成功，但在中国，这样的人必竟只占少数。20多岁的时候，最重要的是在内心里用理想来激励自己，同时用时间来检验自己，最后用过程中的一些成功来不断安慰自己。当你熬到三四十岁的时候，就开始进入另外一种快意人生，比如说王石爬上珠峰了，但你不要忘了他已经60了。他30岁的时候还没有你自由，他第一次爬山还要朋友集资，那时候40多岁。

所以说在20岁的时候，你想要得到的快意实际上不是峰值上的快意，因为男人快意的峰值应该是在45~55岁。当然，20岁也可以快意，因为你有时间，有未来，有理想，有健康的身体，你不怕跌倒，你可以无数次失败但你可以等待最后一次成功。所以有一个老人讲过一句话，当时很多人在讲吃苦，他就讲年轻人吃苦不叫苦叫福气，因为给你机会让你去实验，你老了以后苦真叫苦，比如说你60岁时贫病交加，那才真叫苦，而你20岁时，发烧感冒，没钱看病，扛一下过去了。所以在这个年龄段，最重要的是立志，一旦确立就不要放弃目标，不要怀疑自己的未来，而且要坚信时间是站在你这边的，这样就可以快意人生。

二十几岁的时候，你可以没有足够的金钱，可以没有功成名就的事业，但你不能没有激情。年轻的锐气是有时限的，如果不好好利用，就会在生活的重压里消磨殆尽。

你看过船夫拉纤的情景吗？那真是生活中最惊心动魄的一幕！波涛滚滚而下，木船逆流而上，纤夫紧紧地拽引着纤绳，喊着号子，踏着砂石，拼力向前迈进。没有彷徨，没有懈怠，更没有停留和后退。因为，只要稍微放松手中的纤绳，船就要顺流而下，后果不堪设想。

我们都知道在前进中会有许多未知的危险，却不知停滞不前的危险更大，若不想被生活的潮流吞没，向前走才是安全的。强者的本色，应该是在进攻中站稳脚跟。

台湾地区"十大杰出青年企业家"赖东进成名前曾经是一个乞丐，从小到处流浪要饭。在奔波行乞的日子里，他经常抱着弟妹长途行走，动辄就是几十公里；每天用破水桶到水沟往栖身处提水，一折腾就是数十个来回；在夜市或车站躲避抓捕，见到警察就玩儿命地奔逃；在野地或大宅门前，不时遭遇恶狗疯狂追逐。正是长期如此的磨难练就了他出奇的爆发力。

一次学校举办运动会，他报了短跑项目。发令枪一响，他奋力往前冲，只顾专心奔跑，并没有感受到场外的异常。等到快要跑到终点，他突然发现全场一片寂静，还来不及琢磨发生了什么事情，人已冲到了终点。

看台上的师生全都站立起来，全场响起了暴风雨般的掌声和口哨声。赖东进回头一看才弄明白，原来同组竞赛的同学才跑到一半。他惊人的速度，让大家看傻了眼。

拼搏者，勇往直前也。人生有如战场，唯有拼搏才会胜利。喜欢拼搏的人，总是积极向上；反观害怕奋斗的人，在气势上已先输了一筹。生活中，有许多年轻人之所以懒洋洋的提不起精神，不是因为缺乏向上的实力，而是因为主观认识上的不足。

青春意味着时间的富翁、健壮的体魄、敏捷的思维、无忧的心绪。最富有的东西，是最容易被轻视、糟蹋的东西；最缺少的东西，也是人们最渴望得到、最珍惜的东西。长处往往导致弱点：富有时间——来日方长，浪费点没啥；思维敏捷——一学就会，不求甚解；体魄健壮——啥都能干，何须忙于去做；心绪无忧——把生活视为一桶香甜的蜜，生活中的艰难连想也没有想过。但千万不能这样来理解青春，更不能将这样的生活付诸行动。

随波逐流固然轻松愉快，但长此以往就会被生活的波涛吞没。相信有很多人也知道放纵自己不好，但他想："先放纵自由一段时间，待以后再抓紧也不迟。"然而，待回过头来再抓紧自己，那是很难的，需要付出十倍甚至百倍的代价，因为你已经习惯了顺流而下。而那些义无反顾地投入到生活中去的人，即使暂时还没有品尝到成功的果实，但已磨砺了自己的精神和体魄，增强了与命运对抗的能力。

人的潜能就像一种强大的动力，它爆发出来的能量，有时候会让所有人大吃一惊。

成功是个人的选择，只有选择成功的人，才能成功。如果我们能在最恶劣、最不利的情况下取胜，将更能激励自己必胜的信心，进而用强烈的刺激唤起那敢于超越一切的潜能。即使我们不会遭受赖东进那样的艰苦境遇，但我们应该时刻提醒自己超越生活中的平庸。

一个人在二十几岁时的选择，对自己一生的成就至关重要，只有那些给自己选了逆流险滩的年轻人，中年后才有享受人生的资格。你要时刻提醒自己，不管别人如何平庸，自己都不要随波逐流。平庸者就如那树叶，默默无闻地来，又默默无闻地去，与世无争，不愿付出什么，最后消失在茫茫人海中。他们悄然出生，默默地成长，娶妻生子，生老病死。他们安于清贫，甘于寂寞，乐于稳当，他们从不曾知道成功是什么；他们深信树大招风，枪打出头鸟，珍惜自己的生命；他们缺乏生活激情，乐于平淡，安于平淡，大喜大悲他们都不适应，一点风吹草动也会让他们寝食难安。从某种意义上来说，这些人注定要度过黯淡的一生。

然而，生活中也有这样一些人，有强烈的使命感和忧患意识，不甘寂寞，逆水行舟，渴望有所作为。他们关爱社会，希望能为社会尽些绵薄之力，他们希望在人生的旅途上留下自己的足迹。他们不愿随波逐流，他们希望出人头地，他们是伟大的成功者。

　　人的力量都是拼出来的，灾厄就是最好的教练。赖东进早年在底层所遭受的所有艰难困苦，都成了他宝贵的财富，这种无论在什么条件下都要拼命向前的精神，足以使他后来在商界与政界笑傲人生。一个强有力的人，正是一个能战胜自己的人。要纠正偏见，改变习惯，克服弱点，主宰感情，驾驭性格……总之，就是不要让生活牵着鼻子走，而是做自己命运的主宰。

4. 输得起才能赢得了

与其把眼泪挂在脸上，不如把微笑送给别人。

——谢娜

人生忌恋战。有些事，大局既已无望了，就要赶快抽手，另谋出路，不可空耗自己，更不可空耗一生。有的人碍于面子，即使明知会失败却不愿意认输，结果只会输得更惨。

谢娜出生在一个文艺家庭，父母都是当地的文艺骨干。6岁那年，谢娜跟随父母演出，这是她第一次在舞台上表演媒婆，没想到居然引得全场爆笑，让人们第一次见识了她的舞台魅力。1994年，谢娜在一次演讲比赛中获得了二等奖。这次得奖让谢娜大受鼓舞，她壮着胆子，一个人离开家来到北京参加全国新人大赛，但因为她的普通话不标准，初赛就被淘汰了。宣布结果那一刻，她当场大哭起来……

出师不利后，谢娜从中江来到成都表姐那里散心。一次和表姐同学吃饭时，表姐劝说谢娜去报考四川师范大学电影电视学院。童年时期的表演欲望再次被激发，谢娜被说动了想试一试。于是，表姐通过熟人找到了院长，让谢娜先到学校做一年旁听生，第二年再考，院长一口答应了，并留下了她。

谢娜的普通话里带着四川话，四川话中又带着中江话，只要她一说话，同学们就会笑她。但谢娜这个丫头一点不害臊。每天拿着一本书在教室走廊里练口齿，坐在那儿大声念着顺口溜："八百标兵奔北坡……""O""P"不分的发音引来同学们不耐烦的呵斥："你别在这儿发疯丢人啦。"她心里难过得不行，却依旧不挪身子，在那儿摇头晃脑："八百标兵奔北坡……"旁听了一年之后，谢娜以专业成绩第一名的身份考入了四川师范大学本科表演系，让所有的老师和同学对她刮目相看。

三年后，当谢娜第二次站在全国新人大赛上时，和第一次的茫然失措相比，此时的谢娜成熟得像是换了一个人。她在比赛规定的短剧中饰演一名充满爱心的盲女，逼真的表演感动了每一位评委，获得了那一年的新人大赛影视表演十佳金奖。得了冠军，马上就有人找谢娜拍戏。有一个正在三亚拍戏的导演说戏里正缺一个角色，要她过去演这个角色。接到邀请后，谢娜又激动又兴奋，打起行装直奔三亚。可是，一到那里，她整个人都沉入了谷底，因为她是一个新人又没学过表演，剧组根本就没有安排她的戏份。一个月的时间里，她就在剧组里给"腕儿"们梳头，帮他们用吸油纸在脸上吸油。后来，在她的恳求下，导演才勉强让她演了一个小角色。因为自己什么都不是，演的角色根本没有她挑选的余地。这让她看到了自己与别人的差距，好强的她决定去考学。从三亚回来，谢娜又"疯"了个够：她竟然一口气报考了北电、中戏、军艺三个学校，令家人瞠目结舌。

失败，失败，还是失败！三战皆输的谢娜无颜也不愿意回四川，决定继续留在北京寻找机会。2004年，是她最难忘的一年，她第一次脱下戏装，拿起了话筒站在主持人的舞台上，从没有主持经验的她，从头到尾都在笑在闹。一两期节目录下来,观众的反应很不好,她走进网吧打开网页,网上骂声连天,句句如刀似枪!她泪流满面地走出网吧,回到住处。她给搭档何炅打电话说:"我不想做了,做主持可能不适合我,还是安安心心去演个小角色挣点儿小钱吧。"何炅劝她:"你在台上那么闹腾,那么开心,我觉得挺好的。不如这样吧!你干脆一'疯'到底……你再坚持几期,哪怕每期多一个人喜欢你,都是一种成功。"她答应何炅再坚持几期,继续用自己的疯劲儿去驱散观众们心头的不快和沉闷。从那时到现在的六年时间里,谢娜在节目中带给大家的快乐总是"突发"式的,让人忍俊不禁。每次只要她一出场、一开口,就会笑倒一大片、笑翻一大堆。"疯"还真是一门技术活,《快乐大本营》比原来更火了,谢娜也火了!现在人们对谢娜的评价是:"她的主持轻快、活泼,非常有亲和力,只有快乐的人才能传递快乐!"

人生不可能没有困难和挫折。当人生遭遇不顺的时候,我们能做什么呢?就像谢娜一样"疯一疯"吧,直到日子慢慢变好,直到雾散云开,直到自己在群星中闪耀。

抛弃虚荣心,哪怕降到低一档的地位上,只要能发挥自己的特长,就能干出更大的成就,找到自己的人生价值。

不去做可做又可不做的事,也不做可有可无的人,这是人的基本品格。所以,人要懂得在什么样的情况下学会认输。

学会认输,就是知道自己在摸到一张臭牌时,不要再希望这一盘会是赢家;学会认输,就是在陷进泥塘里的时候,知道及时爬起来,远远地离开那个泥塘;学会认输,就是学会承认失败,学会选择与放弃。

第八章　哪怕遍体鳞伤，也要活得漂亮

用美国投资家贺希哈的话说："不要问我能赢多少，而是问我能输得起多少。"只有输得起的人，才能赢得最后的胜利。贺希哈17岁的时候，开始自己创业，而他第一次赚大钱的时候，也是他第一次得到教训的时候。那时候，他一共只有255美元，在股票的场外市场做一名编客（中介）。

不到一年时间，他就赚了第一桶金，进账16.8万美元。他为自己买下了第一套像样的衣服，并在长岛买了一幢房子。但是，第一次世界大战的休战期来到了，贺希哈聪明得过了头，他以随着和平而来的大减价的价格，顽固地买下了隆雷卡瓦那钢铁公司，结果却受到了欺骗，只剩下了4000美元。这一次，他学到了深刻的教训"除非你了解内情，否则，绝对不要买大减价的东西"。

但是他并没有被这次严重的失利挫败，经过深思熟虑，贺希哈决定重新来过，他放弃了证券的场外交易，去做当时未列入证券交易所买卖的股票生意。

开始，他和别人合资经营，一年以后，他开设了自己的贺希哈证券公司。到后来，贺希哈做了股票掮客的经纪人，每个月可以赚到20万美元的利润。

1936年是贺希哈最冒险，也是最赚钱的一年。早在人们依靠淘金发财的那个年代，成立了一家普莱史顿金矿开采公司。在一次火灾中，这家公司的全部设备都被焚毁了，造成资金短缺，股票跌到不值5美分。这时有一个叫作道格拉斯·雷德的地质学家，知道贺希哈是个思维敏捷的人，就把这件事告诉了他。贺希哈听了以后，拿出2.5万美元做试采计划。不到几个月，就挖到了黄金——仅离原来的矿坑25英尺。这座金矿，每年给贺希哈带来250万美元的净利润。

贺希哈懂得认输，输得起，所以才赢得彻底。有的人认为认输很难做到，其实，认输之所以难做到，是因为它看起来就是承认失败。在我们所受的教育里，强者是不认输的。所以我们常被一些高昂而英雄的光彩词语所激励，以不屈不挠、坚定不移的精神和意志坚持到底，永不言悔。

是的，人需要百折不回的意志和勇气。但是，奋斗的内涵不仅仅是英雄不言败、不屈不挠和坚定不移，还应包括修正目标、调校方位。

在死胡同走到底的并不是英雄，因为，死不认输只会毁掉自己。试想一下，这种人连自己的心结都没有胜过，怎么可能成为强者，成为英雄？

人生道路上，我们常常被高昂而光彩的语汇冲昏了头，以不屈不挠、百折不回的精神坚持死不认输，但却输掉了自己！因此，人活着有时需要学会认输。认输就是适时地放手，放手了才能再次来过，也才有机会获得进一步的成功。

5. 我有我要走的道路

> 我不是那种对自己有打算、有规划的人，但是在我心里一直有个目标：就是努力朝着艺术家的方向走，我不想做肤浅的、昙花一现的明星。
>
> ——刘亦菲

人生是否成功，自己才是最重要的评判者，标准就在自己心里。一个人，对待自己的家庭，对待自己的事业，对待自己的生活，最重要的标准只有一个——它是不是你想要的。

一部由李安导演，梁朝伟、王力宏、汤唯、陈冲领衔主演的影片《色戒》上映后，反响热烈，世界瞩目。与此同时，有人不禁为刘亦菲拒绝出演《色戒》而感到惋惜。

当初李安导演慧眼识珠，看中了刘亦菲的气质，并打算让其成为《色戒》的女主角。可惜刘亦菲因剧本中的激情戏太多且尺度过火，而最终选择放弃这次难得的机会。随后居然有人说这是不识抬举，甚至是刘亦菲一厢情愿的炒作，这样的言论当然是滑稽可笑的。

有机会和李安、梁朝伟这样的大腕合作确实值得高兴，但也要看剧本和角色是否适合自己……李安只考虑到刘亦菲的外貌与气质，却忽略了她的年龄和阅历。可以说《色戒》中的角色并不适合当时的刘亦菲，因为年纪轻轻的她一直以清新形象示人，忽然有如此颠覆性的演出，尽管可能做到一时的所谓突破，但这也可能成为从此再也抹不去的疤痕。

如果只因为导演是李安，主演是梁朝伟便不顾形象，草率妥协，对素来自信清新又乖巧可爱的刘亦菲来说，这根本不符合她的个性，她有着自己的想法和主见。

世俗与传统，使人养成了一种总需要得到别人赞许的坏习惯。童年时代，习惯于得到父母和老师的赞许；长大成人后，希望得到上司的认可。一旦自己的言行得不到认可和赞许，就会怀疑是否哪里出了问题。于是，在无形之中就放弃了主宰自己并独立行事的权利。

这种坏习惯表现在多方面，比如，在你自己真有事情的时候，担心别人对自己不满意，所以不敢回绝朋友的邀请；对别人的需求大都随声附和，有时尽管心里不满，也要依从别人的意志去办，又如，看眼色行事；明知上司不对，也要忍气吞声地服从；好像上司的时钟总是准的，而你的时钟总是不准，只能和上司对表，不相信自己的手表。

这样的生活很累，也很乏味。

我们都说人生是一场戏，在这出漫长的戏里，我们不是在做自己而是在演自己。为了某一个目的，或是飞黄腾达或是名扬天下，我们甘愿出卖自己的真心，说着一些言不由衷的话，做着一些自己不喜欢甚至讨厌的事情。而为了保护自己不受到伤害，我们往往还会戴上一副面具，让别人看不清我们的脸，也看不清我们的心灵。

在面具的掩护之下，我们小心翼翼地走在人生的旅途之中，时不时

第八章 哪怕遍体鳞伤，也要活得漂亮

会说活得好累，伪装的滋味真的很难受，但是却因为有太多的牵绊，而没有勇气彻底地摘掉面具。不得已的时候，也只能这样安慰一下自己：大家都是这样过来的，也许这就是所谓的人生的磨炼吧。我们原本是一块有棱有角的石头，经过社会的磨砺之后，我们变得圆滑了，仿佛人生路也顺利了。可是当我们停下脚步反省的时候，我们悲哀地发现，我们已经不再是以前的那个自己了，"我"成了别人。

有时候，我们还会犯这样一个错误，认为别人需要看到强大、能干、成熟的自己，却忘记了什么是真实的自我。我们太渴望表现得像自己想象的那样了，结果把真实的自我变成了滑稽可笑的模仿者，我们变成了卡通人物。

人的生活其实就是一种心情、一种感受。心情好了，生活一定美满成功。如果整天要按别人的意志去生活，要看人家的喜恶行事，成了别人的精神奴隶，还能有什么好心情，生活更没有什么幸福可言。

记得日本哲学家西田几多郎有一首诗："人是人，我是我，然而我有我要走的道路。"是啊，我们有我们自己的生活目标和生活方式，如果我们自己不能选择自己喜爱的生活方式，走自己想走的路，而是处处要看别人的脸色行事，这无疑是在为别人而活，这样的活法又有什么意义呢？为人处世，凡事总想讨到别人的欢心，实际上就是一种乞丐心理。

也许你还有这样的感受，做人做事，哪怕是穿一件新衣服，说一句什么话，都会不自觉地考虑到别人会怎样看，会不会不高兴，总想办法尽量按照别人的期望去做，担心顺了姑心失了嫂意，怕别人失望，被别人笑话，甚至责骂。对于偶尔未能尽如人意或听到背后有人非议自己，就耿耿于怀而不可终日。

其实，一个人将生活的焦点和生命的重心放在看别人的眼光、脸色和喜恶上，千方百计去容忍自己迎合别人，是非常愚蠢的，且不说千人千性，众口难调，你不可能满足所有人的要求，即使能，也只会扭曲自己，最终失去自己，失去自己的生活乐趣和生命价值。

所以，人最要紧的不是在乎别人怎么看你，而是要考虑自己的路该怎么走，怎么走才能走得更好。千万不要按别人的思维来对待自己、对待社会，什么鸣冤叫屈、埋怨自己、怨天尤人，敌对别人、仇视社会，这样做只能是上别人的当，中别人的圈套，那些存心搬弄是非的人，其目的就是要让你没有好日子过。

当别人对你的所作所为蜚短流长时，最好的方法就是抱着"有则改之，无则加勉"的心态。林肯说："只要我不对任何攻击做出反应，这件事就只有到此为止。"

如果你没有做错事，那么就挺起胸膛，勇敢地面对众人挑剔的目光吧。相信一句老话："时间能证明一切。"你的所作所为终究会代替先前的传言，从而在别人心中塑造出你真正的形象。

6. 人生没有不可能，要做就做第一名

> 这反而会给我压力，好像"超级"就不应该输球。
>
> ——林丹

人生没有不可能，要做就做第一名。没有不合理的目标，只有不合理的期限。一个人，只有确定了决心成为第一名的目标，才会去想方设法争取第一名。树立成为第一名的目标，并不是想在成功之后证明什么，而是按照第一名的标准来要求自己、检视自己、鞭策自己，进而加快自身成长的速度，实现人生最大的社会价值。

比赛，跟弱者比，越比越弱；跟强者比，越比越强。有人比你更成功，他的标准一定比你高。只有最顶尖的人物，才接受最严格的挑战。一流的人物，来自一流的标准。

有见识才会有胆识，如果连世界第一名见都没见过又怎么会想到要成为世界第一名呢？

一直以来，林丹视皮特·盖德为自己当年的偶像，也是他最重视的对手之一。一切还和几年前一样，中丹决战在林丹与盖德之间首先开始，不变的，还是两人7岁的年龄差距。如果说，20岁的林丹和27岁的盖德曾给我们奉献了一场荡气回肠的激战，那么22岁的林丹则让29岁的

盖德甘愿俯首称臣。总教练李永波坚定地说:"林丹的表现再一次证明了他长达三年来世界第一的位置是无可厚非的。"

两年前,林丹首次为中国队出任第一单打。在第一盘2比0战胜盖德后,林丹激动得仰天长啸,脱去上衣紧握双拳躺倒在地上。那激情一脱,将他场上的霸气和张扬展现得淋漓尽致,也是他在那一时刻最真实的心情写照。

两年后,林丹再次为中国队出任第一单打,这次以2比0完胜,林丹高举右手食指做出"1"的手势,跟着一个潇洒的军礼后,他低头狠狠地亲吻着衣服胸口上的国旗。

林丹说,每次胜利后都是最自然爆发的庆祝,从没有事先设计过。但有一次胜利后的庆祝动作,却是他早就计划好的"复仇"。"2002年一次公开赛上,我输给了盖德。我在第二局9比4领先的时候腿部抽筋,但裁判不允许我休息,还出示了黄牌警告。后来我一分没得输了比赛。因为那是盖德受伤复出后的第一场球,所以他获胜后很激动,拼命地拍地板,给了我很大的刺激。所以当2003年我再次遇到盖德,2比0赢了他之后我也用同样的方式庆祝,那次我记得非常清楚。"

2004年汤杯夺冠后,林丹输球的次数屈指可数。而最近一次失利,便是在成都大师杯上半决赛负于盖德。林丹承认,他很不喜欢输球的感觉,甚至有点输不起。"我很不愿意接受输球的事实,毕竟我有一年半一直在赢。"所以,他不喜欢别人叫他"超级丹"。"这反而会给我压力,好像'超级'就不应该输球。"林丹说。

于是,我们再也看不到2004年汤杯上那个激情四溢甚至有些嚣张的林丹,很多时候他不得不在压力下度过。尤其是汤杯这样不容有失的团体赛，第一单打就意味着这一分必须拿下。中国队的出场阵容毫无秘密可言，因为林丹必将从第一场打到最后的决战。"我每天想的是我一定要拿下这一分，接下来才会有好的心情去给队友加油。哪怕最后汤杯拿下了，但我这分丢了，我还是会觉得好像这个冠军是混来的。"

还记得，首捧汤杯，李永波在新闻发布会上一时激动，拍着林丹说："我肯定想办法给他们多发奖金，把我一年的工资给他和鲍春来都没关系。"但后来，玩笑归玩笑，林丹说他只有一个心愿。"以前参加活动的时候，李导介绍到我总是说，这是世界排名第一的林丹，拿过哪些公开赛冠军。但汤杯夺冠后，我对他说，以后你就可以介绍，'这是世界冠军林丹'。这是我从小到大的一个心愿。"

经历了奥运会、世锦赛的痛苦，如今的林丹很多时候都选择沉默不多言，他明白只有赢球才是最好的回击。"李指导的一句话，我印象非常深。如果平时开心了，场上对手就会让你不开心。"林丹说。在一次聊天中，李永波有意无意地对林丹说，要成为一个强者，成为真正的世界第一，就是什么都要比别人强。这话，林丹一直记在心里。

如果没见过第一名，我们就无法感受到他的魅力与感召力，也就不会渴望成为第一名，对事业的追求也不会那么执着与强烈，所取得的成就也很难突破原有的格局。向第一名挑战，就是要学习、模仿，最终超越第一名。

有些人会想："挑战第一名？我连想都没想过，那怎么可能呢？"其实，假如我们每天盯着乞丐，我们只能学会乞讨；只盯着富人，就能学会如何赚钱。那么，如果我们盯着第一名，又会获得什么结果呢？要知道，第一名在成为第一名之前，也是普通人。他可以，为什么我们不可以呢？我们也有获得成功的权利。如果我们要制造产品，模板是至关重要的。有什么样的模板，就会生产出什么样的产品。人，也是如此，而人的模板，就是他所仿效的榜样。

要成为第一名，就必须结交第一名！只有结交第一名，你才能真正领悟到第一名是如何成为第一名的，你才能够效仿他，而只有了解、熟悉第一名，你才会发现自己的优势与不足，你才会更有信心成为第一名。

不甘于平凡的人通常都是那些不肯屈居第二的人，虽然他们或许曾在第二名的位置上追随过那些冠军，可是他们一定有着超越冠军的信念。追随是必须的，也是暂时的。如果把追随当成终生事业来做，而完全忘记了初衷，那也许只能永远做一个平凡的第二名，甚至可能还会下滑到第三名、第四名……

理查·派迪是运动史上赢得奖金最多的赛车选手。第一次参加赛车比赛回来时，他兴奋地对母亲说："有35辆车参赛，我跑了第二。"

"你输了！"母亲毫不客气地回答。

"可是，"理查·派迪瞪大了眼睛，"这是我第一次参加比赛，而且有那么多人参加比赛，难道你不为我感到骄傲吗？"

"儿子，"母亲深情地说，"记住，你用不着跑在任何人后面！"

在接下来的20年里，理查·派迪称霸赛车界，他创下的许多纪录至今无人打破。别人问他成功的原因，他说，他从未忘记母亲的教诲，是母亲在他为第二名沾沾自喜之时，帮他发现了他还能成为第一的希望。他永远记得母亲的教诲："你用不着跑在任何人后面！"

一个坚信自己可以成为被追随的人，是不会在平凡的世界里停留太久的。就像拿破仑所说的："不想当元帅的士兵，不是好士兵。"同样，不想当第一名，而只是追随也是没有用的。

1899年，爱因斯坦在瑞士苏黎世联邦工业大学就读时，他的导师是著名的数学家明可夫斯基。由于爱因斯坦肯动脑、爱思考，深得明可夫斯基的赏识。师徒二人经常在一起探讨科学、哲学和人生。有一次，爱因斯坦突发奇想，问明可夫斯基："一个人，比如我吧，究竟怎样才能在科学领域、在人生道路上，留下自己闪光的足迹、做出杰出的贡献呢？"

一向才思敏捷的明可夫斯基却被问住了，过了几天，他兴冲冲地找到爱因斯坦，非常兴奋地说："你那天提的问题，我终于有了答案！"

"什么答案？"爱因斯坦迫不及待地问，"快告诉我呀！"

明可夫斯基手脚并用地比画了一阵，怎么也说不明白，于是，他拉起爱因斯坦就朝一处建筑工地跑去，而且径直踏上了建筑工人刚刚铺平的水泥地面。在建筑工人们的呵斥声中，爱因斯坦被弄得一头雾水，非常不解地问明可夫斯基："老师，您为什么要领我去走别人没有走过的地方？"

"对，对，就是这样！"明可夫斯基顾不得别人的指责，非常兴奋地说，"看到了吧？只有这样无人走过的地方，才能留下足迹！"然后，他又解释说，"只有新的领域、只有尚未凝固的地方，才能留下深深的脚印。那些凝固很久的老地面，那些被无数人、无数脚步涉足的地方，别想再踩出脚印来……"

听到这里，爱因斯坦沉思良久，然后非常感激地对明可夫斯基说：

"恩师，我明白您的意思了！"

从此，一种非常强烈的创新和开拓意识，开始主导着爱因斯坦的思维和行动。他不再简单地追随老师的脚步，而是在追随中不断积累和创新，他渴望开发新的领域，成为第一个在那里踩出脚印的人。他曾说过这样的话："我从来不记忆和思考词典、手册里的东西，我的脑袋只用来记忆和思考那些还没载入人类书本的东西。"

于是，就在爱因斯坦走出校园、初涉世事的几年里，他作为伯尔尼专利局里默默无闻的小职员，利用业余时间进行科学研究，在物理学三个未知领域里，齐头并进，大胆而果断地挑战并突破了牛顿力学。在他刚刚26岁的时候，就提出并建立了狭义相对论，开创了物理学的新纪元，为人类作出了卓越的贡献，在科学史册上留下了深深的、闪光的足迹，让后来者纷纷追随着他的脚步。

在贝多芬18岁的时候经人介绍，拜音乐大家、交响乐之父海顿为师，学习音乐创作。然而，海顿古老的、墨守成规的创作乐风，常常引起贝多芬这样一位激烈如火、勇于革新的青年天才的不满。因此，贝多芬并不是一味遵从大师的教导，师徒之间经常为此争执不休。

有一次，海顿给贝多芬布置了一道作业，就是让贝多芬把自己谱写的小步舞曲改成一首诙谐曲。可贝多芬却完成大胆探索一种不同的音乐风格，即用海顿"旧的语言"写贝多芬自己"新的格言"。海顿看完作业后，极为气恼，并劝贝多芬沿用古老的音乐形式，不要轻举妄动，"跳到深水中去"。但贝多芬还是"跳下去"了。他的《第二交响曲》不但没有守旧的乐风，与海顿的劝告更是相距甚远，这几乎使海顿气得昏了过去。他便责问贝多芬:"为什么不在交响曲上写上'海顿弟子贝多芬作'?"

贝多芬回答:"因为先生的守旧我没有学到,况且这是我自己独到的音乐。"

这使海顿怒气冲天,但是后来,随着对贝多芬音乐所迸发出的激情和艺术魅力的认识越来越深刻,海顿对贝多芬的看法逐渐改变,这使贝多芬在革新大道上的步伐越走越快,胆量也越来越大。他不仅改革了当时盛行的"无标题音乐",把"标题音乐"的新形式实践在自己的交响乐之中,还将囿于宫廷中只为王公贵族服务的"室内乐"介绍给广大人民群众。为此贝多芬又招来了新的谴责,舆论界的批评家们对这位创造力丰富的新巨人发出嘲笑:"那个有农民一样粗短身材的乡巴佬,妄想对纯音乐进行改革,真是荒谬!"贝多芬对批评家们的咆哮,置之度外,又继续尝试下去。他坚定地说:"一匹奔腾的骏马决不会因被苍蝇叮了几口就裹足不前。"

贝多芬的创新精神告诉我们,甘于当第二名的人很难百尺竿头更进一步,也就无法超越自身的平凡。而那些敢于当第一的人,那些勇于在崭新的领域走出自己的路的人,那些知道自己不用一直追随在别人后面的人,才能脱去平凡的虚饰,真正踏上辉煌的旅程!

第九章
我是我,我为自己代言

1. 当你想当的人，做你想做的事

> 我只是想做自己，我不要做一个别人希望我去做的那个人。
>
> ——李宇春

所谓最大的成功，就是在不伤害他人和社会的情况下，当你想当的人，做你想做的事，去你想去的地方，说你想说的话……

2011年4月，李宇春的新专辑《会跳舞的文艺青年》发行。同名主打歌是她自己写的词，透着古灵精怪的感觉："谁说文艺青年不能旋转／谁说旋转出一定是圈／谁说圈就是规则是界限。"

"我爱这张唱片，"习惯留余地的李宇春很少说出这样的话，"我以前从来没有说过我爱我的哪张唱片，从来没有。这张唱片强调的是自由、轻盈、打破界限、无拘无束。我会做出它，因为我的状态在此。"

曾经的"舞台皇后"不否认自己有"文艺青年"的一面："每个人或多或少都会有一些不同的一面吧，比如我有想自己躲起来的时候，有时候喜欢听一些奇奇怪怪的音乐。当然，我也有很多我的小坚持。"

"我们喜欢李宇春，很重要的一个原因就是她坚持自我。"南希从

2005年"超级女声"时就成了"玉米"。七年下来，从未言弃。

李宇春的人生轨迹经常被视作"奇迹"——从一个懵懂、没有太多社会经验的小女孩，一跃成为众人瞩目的歌手，这其中，似乎掺杂了太多的偶然。

"一开始也会措手不及啊，因为什么都不懂，"李宇春坦言，"但不懂也有好处，不懂就不会害怕。虽然青涩，但是很自我。"

在娱乐圈的浑水里浸泡多年后的李宇春，青涩褪去了大半，但依然自我。

曾经，为"Why Me 2009"演唱会的事，她和同事争执不休，讨论到进行不下去的时候，她说"不行，我要出去透透气"，回来继续讨论，这个一贯彬彬有礼的孩子甚至拍了桌子。

"我其实是有选择恐惧症的人。"李宇春说。但她又解释，这种恐惧症只可能发生在类似点餐的事上。在原则性的问题上，她的主意还是挺正的。

有一段时间，唱片公司总拿她的造型变化作为宣传噱头去吸引眼球。她不高兴了，她不喜欢被人家定位成一个秀。"我有自己的底线，没触及这些底线的时候，都可以谈，但是如果原则性的方向是错误的话，我觉得那就没有必要了。"

在现代社会中，所有的人都显得很忙碌。我们被竞争挤压着，争着读书，争着工作，争着赚钱，争着出国，在众多的压力下，我们不知不觉中离真正的快乐甚至真正的生活越来越远。所以，像李宇春那样，活出真正的自己才是最大的快乐。

人类具有一种先天性的趋同心理，即使是无聊的事，如果是大家一起去做也会显得有意思许多。我们往往不怕自己错了，而是深深地害怕只有自己一个人错了，也就是孤独地错。成千上万的人一起走向毁灭时，每个人不需要多大的勇气就可以走下去。

弗洛伊德说："简直不可能不得出这样的印象：人们常常运用错误的判断标准——他们为自己追求权力、成功和财富，并羡慕别人拥有这些东西，他们低估了生活的真正价值。"与存在于我们内心的东西相比，周围的一切其实都是微不足道的。

乔达摩生于公元前6世纪，父亲是释迦族国王。国王为了让王位后继有人，就禁止他离开皇宫并以宫廷里无尽的奢华和享受诱惑他，极力把他同任何不幸的事物隔开。

然而，有一天，他终于走出了皇宫。他坐在皇家马车中，车外的景象使他惊呆了——一个他以前从没见过的非常衰老的女人。继续前行，他又遇到一个奄奄一息的病人和一个没有双腿、在路边行乞的残疾人。乔达摩吃惊地领悟到，每个人都会受到病痛的折磨。

后来，他们又遇到了一列抬着尸体的送葬队伍，当他知道每个有生命的物体都将会死去时，他深深地震惊了。

就在他心绪不宁，被病、老、死所困时，他遇到了一个老人。老人注视着他，并对他很平静地微笑。

"在人世的苦海中，这个人为什么还会欣喜？"乔达摩惊问。

"他是一位圣者，"赶车人答道，"他已经获得了真理并因此得到了解脱。"

这些新的发现,唤起了乔达摩内心深处对人类的深刻同情及对现在受到庇护特权的厌恶。而这些使他越来越感到强烈的不安。

虽然他已经是一个好丈夫、好父亲,但是在他思想深处,有着无法终止的不完美的感觉,有着对不幸人们的不断增长的、难以抗拒的"同体大悲"感。

当他认真地倾听了自己内心深处的声音后,他决定离家修行,带着解脱生死的宏愿,为获正果,矢志不渝。就这样,他毅然抛弃了自己熟悉和钟爱的一切,开始了求道生活,那年他才29岁。

出家后,乔达摩过着同以往完全不同的生活。他先后向两位大师学习,接受苦行方式,努力通过苦修和无为来寻求人生的真理。

经过许多年的修行,最后,乔达摩来到一棵菩提树下,修成了正果,进入了高深的境界。自此,乔达摩成为佛陀(觉悟者),人们称他为释迦牟尼——释迦族的圣人。

我们并非要求每个人都去做出家修行的僧侣,只是建议你找一个宁静的时刻,检视自己的心灵,抛开外界世俗的声音,只倾听自己的心声,听听它想要追求的究竟是什么。

我们经常听到类似的事:一名公司副总裁放弃了3万元的月薪而去做了木匠,一个律师辞去了工作去从事写作等。他们是真正知道自己想要什么又敢于去要的人。毕竟抛开大多数人孜孜以求的名利、地位,需要非凡的勇气。

我们每个人都想感受自我的价值,这是生命的重心,但我们却一直朝错误的方向努力。我们以为自我的价值需要别人认可才行,所以我们对自己的人格修修补补。我们时时以别人的标准来审视我们自己，反而忽略了心中真正的渴求。

我们每个人都应该有自己为人处事的准则，并且坚持这一准则。我们不应在乎别人认为我们该做什么，但我们应非常在乎我们认为自己该做什么。

我们经常按别人的反应来决定自己的为人处世，而不是按照自己的意愿去行动。尤其是在向"成功""幸福"这一类美丽字眼跋涉的路上，一切似乎已经有了约定俗成的标准。

我们每一个人都要对自己的生活设定一个标准，它不是人云亦云的标准，而是自己真正想要的标准。只要我们自己认为有意义，就一定要坚持下去。

所谓最大的成功，也就是：在不伤害他人和社会的情况下，当你想当的人，做你想做的事。

2. 这一刻，要活出精彩

> 十年前觉得自己很青涩稚嫩，有太多的不自信，所幸的是当初的理想都还在，还能够全力以赴，我一直坚信只要能够忍住寂寞和磨砺，人生的结局肯定就会不一样。
>
> ——冯绍峰

做好眼前的事，才能创造出最有希望的生活和最有价值的人生。

所有的一切都发生于当下，过好每一天，才能找到真正的力量，发现通往幸福之路的入口，不会把握当下的人，即使有多宏伟的目标也只是夸夸其谈，如沙漠中的海市蜃楼，无法企及。

"李安说，对于过去拍的那些作品，不管是失败的还是成功的，都必须接受。"冯绍峰引用导演李安的话评价自己十年来拍过的那些戏，言语之间是一种不认不否、不褒不贬的姿态。他也笑着承认自己是个"没规划没头脑"的人，只希望享受当下奋斗的状态。"人的欲望永远是无穷的，所以暂时不比，自己能一年比一年有进步就知足了。"

经典穿越剧《宫》的大热直接让冯绍峰的微博粉丝冲破400万。圈里人给他打电话，背景声音都是街坊邻里叽叽喳喳说着"八阿哥"。无疑，这部戏奠定了穿越剧在2011年荧屏无可撼动的霸主地位。形象阳光硬朗、眼神乖巧多情的冯绍峰也成为"80后""90后"女孩心中的新一代"白马王子"。

大多数人追捧冯绍峰是因为《宫》，但大多数人却不知他已经出道十年之久。

只从外表看，很难相信冯绍峰已经32岁了，也很难想象他用10年时间为自己真真实实地导演了一场"奋斗大戏"。至今，他出演影视作品50多部，常年背井离乡驻扎在横店拍摄基地。当女粉丝因为角色"爱"上他，并亲切地称他冯萌萌、冯倾城、冯太郎的时候，他一如既然地露出灿烂阳光的笑容，随后却认真地说："我只是一个演员，不是明星。"

卧薪尝胆十年，冯绍峰知足地说自己星途还算坦荡，没有什么大的挫折。然而任何成功都不是偶然的，只是低调的他不常言苦，会从挫折中寻找经验教训。"感触最深的是当新人的时候常常被导演骂得很惨，那也是因为自己那时候不会演戏。最忙的时候，一天只睡两三个小时，角色转换比较累，白天文戏、晚上武戏，拍戏拍到眩晕一直吐，所以身体素质很重要。"

曾经因为太累太困，当年还没有经纪人的他拍完戏自己开车回家，不幸出了严重车祸。"汽车都撞烂了，脑出血，肋骨断了，耳朵裂了。还有人吓我，说你耳朵是从车里捡出来的。"在这些挫折背后，性格如外表一样硬朗的冯绍峰一点点成熟和豁达起来。"任何痛苦和酸甜苦辣，都是人生的宝贵财富。人来到这个世上，任何东西都带不走，除了你的感受。"

尽管当年经历的困难和挫折不比名角少，尽管十年来一直处于半红不红、不温不火的状态，甚至被质疑为"菜鸟级"演员，冯绍峰从没有后悔过踏入演艺圈。"我从来没想要放弃。人要做自己喜欢的事情。每天能够演我喜欢的角色，我已经觉得幸福了。我要把我的人生弄得尽量有价值，等老了以后，回看自己年轻时候做的一些东西，能让自己觉得骄傲。"

对于幸福的定义如此简单，对于演艺圈如此淡然，不免让人怀疑，冯绍峰是不是藏在圈里、不为出名只为"混水一乐"的富二代。对其"神秘"背景的猜测随后充斥坊间——冯绍峰的父亲是一个纺织巨头，身家超10亿元；冯绍峰出道之初就驾驶着奥迪房车拍戏；冯绍峰在上海拥有价值4000多万元的豪华别墅。

对此，他一收往日的淡然，严肃和郑重地澄清道："我不是富二代，就是普通家庭的孩子。家里没有反对我演戏，对我来说这是最深的爱。父母都是很善良的人，我希望他们能平静生活，不要被牵扯进来。演员演戏是为了实现自我价值，这才是最重要、观众最关心的。"

如果对冯绍峰做一次全面而准确的评价，那莫过于他对自己的一段剖析："我是个认真工作，执着于表演的演员。我应该算是内向的人，但也有外向的时刻。在朋友聚会的时候，我总是最活泼、最热闹的那一个；而拍摄间隙或者自己独处的时候，我也有很孤僻的一面。在热闹的场合和家人、朋友面前，我不会掩饰自己的情绪，愿意用自己的快乐感染人；独处的时候，我更愿意静静地读书，让自己很自在。演戏越极端，生活就越平静。"

做好眼前的事，才能创造出最有希望的生活和最有价值的人生，持续过好内容充实的"今天"这一天。

稻盛和夫的京瓷公司创建至今，从来不作中长期经营计划。新闻记者采访稻盛和夫的时候，经常提出想听一听他们的中长期经营计划，而当稻盛和夫回答"我们从不设立长期的经营计划"时，他们便觉得不可思议，露出疑惑的神情。

稻盛和夫对此作出了解释：因为说自己能够预见到久远的将来，这种话基本上都会以"谎言"的结局而告终。他认为"多少年后销售额要达到多少，人员增加到多少，设备投资如何如何"这一类蓝图，不管你怎样着力地描绘，但事实上，超出预想的环境变化、意料之外事态的发生都不可避免。这时就不得不改变计划，或将计划数字向下调整。有时甚至要无奈地放弃整个计划。这样的计划变更如果频繁发生，不管你订立什么计划，员工们都会认为，"反正计划中途就得变更"，他们就会轻视计划，不把它当回事。最终结果很可能就会降低员工的士气和工作热情。

同时，目标越是远大，为达此目的，就越需要持续付出不寻常的努力。但是，人们努力，再努力，如果仍然离终点很远很远，他们就难免泄气。"目标虽然没达成，能这样也就可以了，差不多就算了吧！"人们常常就在中途泄气了。从心理学的角度看，如果达到目标的过程太长，也就是说，设置的目标过于远大，往往在中途就会遭遇挫折，与其中途就要作废，不如一开始就不要建立。

自京瓷创业以来，稻盛和夫只用心于建立一年的年度经营计划。三年、五年之后的事情，谁也无法准确预测，但是这一年的情况，他都能大致看清，不至于太离谱。只要做好这一年的年度经营计划中每个月、每一天的工作，成功也就离你不远了。

在稻盛和夫的经验中，做年度计划，就要细化成每个月、甚至每一天的具体目标，然后千方百计地去努力达成。活在当下这一刻，过好这一刻对我们的生活和事业有很重要的意义。

清晨，当我们睁开眼睛的时候，深吸一口新鲜空气，抱着这样一个心态：今天一天都努力干吧，以今天一天的勤奋就一定能看清明天；这个月努力干吧，以这一个月的勤奋就一定能看清下个月；今年一年努力干吧，以今年一年的勤奋就一定能看清明年。

就这样，每天在"拼尽全力，活在当下这一刻"的自我暗示和勉励下，每一个瞬间都会过得非常充实，就像跨过一座座小山一样。小小的成就在连绵不断地积累，无限地持续，这样，乍看宏大高远的目标就一定能实现，正如荀子在《劝学》中所说"不积跬步，无以至千里，不积小流，无以成江海"。

"拼尽全力，活在当下这一刻"在我们的人生理念中，就是最切实可行的取胜之道。

3. 接受最真实的自己

> 在我看来，成功的首要意义在于做自己。不是每个人都可以妄谈创造历史，但做好自己，是可望也可即的事。
>
> ——杨澜

在这个世界上，有些人不喜欢自己，因为他们无法接受自己。

不接受自己的人，常常心情郁闷，对生活中的一切都没兴趣：他可能认为自己思想怪诞，怀疑自己患有某种精神病；他还抱怨周围的亲友、同事、邻居不能理解他等。实际上，他没得任何精神病，问题在于他不能接受自己，从而影响到他对别人的接受，进而产生其他适应方面上的困难。由于他不曾意识到这点，无病自扰之，表现出来的通常是自暴自弃的倾向。

可见，对所有人来说，正确评价自己、接受自己至关重要。它关系到建立正确的自我观念，适应环境，促使性格健康发展。接受自己，去除自卑感，是精神健康的重要保证。

同你我一样，杨澜也渴望成功。所以刚开始做访谈节目时，她跑遍了世界各地去寻找那些成功的人，然后去问他们有没有成功秘诀。但是在她采访了500多位精英人士之后，对传统意义上的成功，却越来越产生质疑,并且有了完全不同的理解。现在的她看来,成功就是你能够做自己,做更好的自己,这就是一个最高意义的成功。如果你还能够给周围的人带来正面的改变,那就更了不起。

有记者曾问过杨澜这样一个问题:你采访的这些知名人士,是怎样让你对成功有了现在的理解?

杨澜说:"大家都知道股神巴菲特吧?按照很多人的逻辑,他的儿子绝对应该继承他的衣钵,成为世界首富,这才叫成功。但彼得·巴菲特19岁时,决定不进入父亲呼风唤雨的金融界,而选择音乐作为自己的职业追求。当他忐忑不安地寻求父亲的意见时,巴菲特说:'儿子,其实我们俩做的是同一件事——我们热爱的事!'彼得去年出版的中文版自传书名就叫《做你自己》,没人能说他没有成功。我们这个社会,其实有点像患了'成功综合征',如果为了成功,而常常忘记自己的初衷和内心真正的渴望,忽略了路边的风景和身边的人,也是得不偿失的。"

怎样才能增强自我接受感呢?

(1)要克服完美主义,知道自己不可能做到十全十美。因为这世界并不完美,十全十美是可遇而不可求的,所以,应当"知足常乐"。家人、友人同样有缺点,要容忍体谅,不但要与他们融洽相处,亦要做到对自己的行为不致苛求。不要做时钟的奴隶,尽可能地在限定时间内完成工作,切记"欲速则不达"。要明白,讨好所有的人是不可能的,根本不必去尝试。"受欢迎"的本意是使他人赏识你本人,而不是你的最好表现。尝试一下"言所欲言",坦诚和直率能消除许多障碍与心理压力。要对自己有信心,你同任何人一样都有可取之处。勿过分自责,任何人都有彷徨的时刻，不必为"爱"与"恨"过分担心。勿自悲自怜，你的遭遇并不重要，你对遭遇的反应才是最重要的。

（2）要做到真正了解自己。自知者明，自胜者勇。你可以通过比较法（与同龄、同样条件的别人相比较）、观察法（看别人对自己的态度）、分析法（剖析自己，了解自己的工作成果）等来认识了解自己。

（3）要树立符合自身情况的奋斗目标。这样会使你有机会充分发挥自己的才智，力所能及的胜利能增加你的自信心。

（4）要不断扩大自己的生活经验。每个人都要经历适应环境的过程。在这一过程中你也许发挥了才干，也许暴露了缺陷。这没关系，正反两方面的经验都将促进你对自己的了解。

最重要的是，诚实坦率、平心静气地分析自己，更要有勇气承认自己在能力或品质上的缺陷，肯定自己的长处，扬长避短。

4. 不去计较，做好你自己

> 我希望有一天，无论事业和爱情，丑女孩都能和漂亮女生一样平等。我要让更多人喜欢上林无敌，明白一个人真正的美丽由心而生。
>
> ——李欣汝

有一项调查表明，95%的都市年轻人都有或多或少的自卑感，在一生之中几乎所有人都会有怀疑自己的时候，感到自己的境况不如别人。

这是为什么？潜藏在人心中的好胜心理、攀比心理是这一问题的根源。我们总把他人当作超越的对象，总希望过得比别人好，总拿别人当参照物，似乎没有别人便感觉不到自身存在的价值。于是乎，工作上要和同事比，比工资，比资格，比权力；生活上要和邻居比，比住房，比穿着，比老婆，就连孩子也不放过，也成了比的牺牲品，"我的孩子班里学习第一名，比你的儿子强"，洋洋得意者说。既然是比，自然要比出个高下，比别人强者，趾高气昂，夜郎自大。不如别人者便想着法子超过他，实在超不过便拉别人后腿，连后腿也拉不住者便要承受自卑心理的煎熬。

如果我们能持一种积极的态度去和别人比较，不如别人时便积极进取，争取更上层楼；比别人强时便谦虚谨慎，乐观待人，岂不更好？

钢丝头、大龅牙、老土臃肿又表情愚蠢的林无敌，俨然是新一代超级无敌"山寨寨主"。任凭板砖无数，《丑女无敌》都稳坐全国收视率第一的宝座。不过很少有人知道，这个著名丑女，竟然曾经是红楼选秀中林黛玉的最佳扮演者。从古典贵族大美女到人见人雷的丑女标本，林无敌的扮演者李欣汝算是经历了一次过山车旅行，高低起伏，惊喜无限。

《丑女无敌》播出后，李欣汝火了。大家先是被流鼻血、脏乱差、落后三十年的老土装束、高劈腿、摔个四仰八叉的丑女林无敌乐得不行，随着剧情的发展，大家开始喜欢这个认真、执着、忠诚，虽然很轴却轴得可爱的女孩子，甚至觉得她是上帝派来的天使。

李欣汝觉得自己成功了："所谓美貌都是肤浅的相对的东西。正是要有林无敌这种女生，才告诉所有人内心美丽才是王道。大家喜欢她，希望现实生活中有这样的女生做自己的姐妹和朋友，于是对美丽也有了新的定义。"

卸下丑妆以自己的真面目示人，李欣汝反倒别扭了许多。跟着妈妈去见她的朋友，一群阿姨都夸她是个美女，又乖巧又可爱等一大通赞美扑面而来。虽然自己从小就习惯了这样的话，李欣汝却总是不由自主地想起林无敌，"如果我是林无敌的模样，他们还会这样夸我吗"？

出席活动前，李欣汝去造型室挑衣服，因为第二季《丑女无敌》即将开拍，她没有减肥。服装师一看到她就皱眉头：怎么胖成这样？穿什么衣服都难看啊。然后挑出件衣服，一个手指捏给她：看这件能不能穿下吧。李欣汝穿好了走出来，服装师用嫌弃的眼神打量了一下：马马虎虎就这件吧，反正你穿什么都差不多。李欣汝心里像是被针扎了一下，小胖妹难道就活该让人嫌弃吗？

最让她深有感触的还是参加一个娱乐节目,现场有个环节安排全场男性观众在林无敌和李欣汝中间选出一个人做女朋友,结果85%的男生选了李欣汝。"我当时难过得都快哭出来了,现场来的都是《丑女无敌》的铁杆粉丝,口口声声说喜欢林无敌,却放着那么坚强善良的女孩不要,选我这个他们一点都不了解,只是长得稍微可爱点的女生。林无敌,你真的胜利了吗?"

李欣汝说:"我希望有一天,无论事业和爱情,丑女孩都能和漂亮女生一样平等。我要让更多人喜欢上林无敌,明白一个人真正的美丽由心而生。"

天外有天,人外有人,我们不可能在任何方面都比别人强,胜过别人。太要强的人,一味和比自己强的人比,由于心灵之弦绷得太紧了,结果损耗精神,将很难有大的作为。雨果在《悲惨世界》中说:"全人类的充沛精力要是都集中在一个人的头颅里,全世界要是都萃集于一个的脑子里,那种状况,如果延续下去,就会是文明的末日。"俗话说,学业有先后,术业有专攻。每一个人都有自己的特长,也都有自己的短处,一个人只要在自己从事的专业领域中有所成就便不虚此生,千万不要看到别人的一点长处就失去心理平衡。每一个人做好自己是最重要的,不要与别人比高低,比大小。每一个人在这个世界上都具有独一无二的价值,就像人的手指,有大有小,有长有短,它们各有各的用处,各有各的美丽,你能说大拇指就比小拇指好吗?

一味和别人比是件不聪明的事,因为即便胜过别人,又会有"枪打出头鸟,出头的椽子先烂"的危险。古人云:"步步占先者,必有人以挤之。事事争胜者，必有人以挫之。"生活中也确实是这样，如果一个人太冒尖，在各方面胜过别人，就容易遭到他人的嫉妒和攻击，而与世无争者反而不会树敌，容易遭人同情，所以说"人胜我无害，我胜人非福"。

最好的处世哲学还是不与人比，做好你自己，每个人都有自己的生活方式，有自己存在的价值和理由，干嘛要和别人比呢？如果心里难受，实在要比的话，倒不如把自己当作竞争对手，和自己的昨天比，拿自己的今天和昨天比，明天和今天比，一天比一天充实，一年比一年长进，这样既不会沾惹是非恩怨，自己还能更上层楼。当然，比也并非是有百害而无一利的，它在形成竞争、推进社会前进中也发挥着不可磨灭的作用。现代社会是一个竞争的社会，如果大家都不争先，都去争"后"，那么社会如何发展进步呢？

俗话说"知足常乐"。做人首先要满足，然后再抱着友善的态度和别人比，只有这样才能共同进步，才能真正体会到生活的乐趣。

5. 重要的是突破自己

> 我能经得住多大诋毁就能担得起多少赞美。如果忍耐算是坚强我选择抵抗。如果妥协算是努力我选择争取。如果未来才会精彩我也绝不放弃现在。你也许认为我疯狂就像我认为你太过平常。我的真实会为我证明自己。
>
> ——范冰冰

在我们的岁月中，有时候我们必须作出困难的决定，开始一个崭新的旅程。我们必须摒弃旧的习惯、旧的传统，这样我们才可以重新飞翔。只要我们愿意放下旧的包袱，愿意学习新的技能，就能发挥出我们的潜能，创造新的未来！我们需要的是自我改革的勇气与再生的决心……

范冰冰，1981年9月16日生于山东青岛。1997年参演琼瑶剧《还珠格格》一举成名。2004年凭《手机》成为首位荣获大众电影百花奖影后的"80后"演员。2007年凭《心中有鬼》获台湾电影金马奖最佳女配角，随后成立范冰冰工作室，制作出《胭脂雪》《金大班》等热播剧。2010年凭《观音山》荣获东京国际电影节最佳女演员，成为国际A类电影节影后，次年担任东京国际电影节评委。2013年凭借《二次曝光》获得第

9届华鼎奖中国电影最佳女主角奖。2015年12月19日晚,一年一度的"国剧盛典"在北京盛大举行。当晚,范冰冰身着刺绣花朵长裙,佩戴璀璨萧邦珠宝优雅亮相,她凭借电视剧《武媚娘传奇》摘得"视后"桂冠。

出演《武媚娘传奇》对范冰冰来说是对自己的一次重要突破。范冰冰称她小时候是看着《一代女皇武则天》长大的,而演武则天就是她年少时的梦想,此次圆梦心情很激动。在电视剧中范冰冰从14岁演到82岁。谈到怎么达到14岁的状态,范冰冰表示心境到了,一切就顺理成章了,也不怕别人说装嫩。

因饰演武则天而被观众熟知的刘晓庆最近在电视剧《隋唐英雄传》饰演陈冲的儿媳妇,因此事刘晓庆被指装嫩。被问演14岁的武则天是否也怕会被骂装嫩时范冰冰则力挺刘晓庆称:"50多岁仍然有年轻的心态,想要装嫩,这点是十分可贵且值得女性学习。"

对于在剧中"扮老",范冰冰则称:"我会很坦然地接受慢慢变老这件事。我觉得我老了之后也应该会是一个优雅的老太太。"谈到剧中老年妆的问题,范冰冰称之前化过一次老年妆但是出来的效果不满意,所以之后请来了好莱坞的团队,希望能够有好的效果。

暂别四年后范冰冰再次回归电视荧屏,被问及原因时,范冰冰表示自己本来就是电视剧出身。而且她觉得在电视剧中自己的成长速度很快,反而在电影中自己进步的余地不大。"有些角色电影一个半小时两个小时,无法完美地表现出她的性格。而在电视剧中则有更大的空间来发挥,更何况武则天这样的角色,需要通过电视剧才能很好地表现出来。"

已有不少明星诠释过武则天这一角色,其中包括因饰演《一代女皇武则天》而为观众熟知的刘晓庆、斯琴高娃、殷桃、刘嘉玲等也都有过饰演武则天的经历。对此范冰冰称刘晓庆早年演的武则天很扎实,很有质感。而谈及自己的武则天会有何不同时,范冰冰称:"我能用'80后'的方式表现出来。"

现实生活中,像时尚一样,容易落后的不是我们的衣服,而是我们的想法和能力,以及对待工作的态度。为什么人能够取得这么大的进步?因为人有创新能力,而有创新能力,这就是人区别于其他动物的地方。创新能力是从哪里来的呢?不是从天下掉下来的,也不是生来就有的。创新能力的基础是学习能力,创新能力是在学习过程当中形成的观察、比较、思考、推理、筛选、传承、改造、发展等能力的基础上形成的,创新能力实际上是一种推陈出新的能力。

打开创造之门是内因和外因的结果,而最重要的是如何突破自己。一是要有良好的心态。任何人都要经过成功与失败的反复交替,在这种变化中,我们就要学会生活的方法,提高心理承受力。二是要脚踏实地一步一步地去做,仅有理想、目标是不够的,还要知道如何一步步去做。而最关键是一定要符合自己的切身实际,只有这样才能不断地取得成功,才能不断地激发创造力,培养起创新精神。

世界在不同追求的人眼里有着不同的色彩,生活在不同心态的人眼里具有不同的滋味。要改变原有的色彩、原有的滋味,首先须从改变自己做起。

在我们身边有多少人不愿放弃自己的美梦,直到老态龙钟,也不知道何去何从,几十年不曾惊醒,留下的是永久的伤痛。而说"活着没劲"就像说"不活也没劲"一样没意思。所以,与其这样消极地面对每一天,不如作个改变，换个活法。采用一种全新的方式去处世待人，你就会发现自己变得心情舒畅，让自己的所作所为都有所改观。也许换了一种活法之后，你会感到如同脱胎换骨一样，格外轻松愉快，连呼吸的空气都无比新鲜，一片新天地就展现在你的面前，整个世界生机勃勃。

你的卓越、成功和最大的骄傲，只能来自于一个人：你自己。

一艘远洋海轮不幸触礁，渐渐地沉入海底，几名海员拼命爬上一座孤岛，总算幸免于难，但最终命运如何还是未知数。因为岛屿只有石头，没有任何充饥之物，正值烈日炎炎，饥肠还能忍受，口渴就很难耐了。看看孤岛，再看看周围，尽管周围全是水，但都是无法饮用的咸涩的海水。现在只能等待雨水或者过往船只来救他们。

于是他们只有等待，但又久逢干旱，没有下雨的迹象，茫茫大海，根本看不见过往船只。这样，一天过去了，两天过去了……到了第六天，还没有任何改观。船员们的生命到了极限，死亡向他们走近，一个死了，两个死了……就剩最后一个船员了。他在挣扎着，他也听到死亡的脚步声了，他还有意识存在，他想我不能死啊，于是扑进海里大口大口喝了一肚子海水。出乎他意料的是海水一点也不咸，相反还有点甘甜呢，难道是临近死亡自己的味觉已经失灵，他也不去想了，在这等待命运的裁决吧。

过了一会儿，他自己越发清醒了，感觉死神离他远去了。他自己也很奇怪。但总算能活着，他就每天去海里喝水维持着生命。终于有过往船只了，他得救了，还带回了一些海水，经化验，这水是可以饮用的泉水。又经调查发现：这孤岛与海的边缘正好有地下泉水不断翻涌。

这个故事中，可怜的船员被饥渴夺去性命，在于他们不敢突破自己，在他们的经验里海水是咸的，是不能饮用的，就不敢去尝试、去突破，是已有的经验害了他们的性命。

要敢于面对自己、正视自己，以坚强的意志突破自己。你要放弃平常而选择突破，放弃惯例而选择未知，放弃退却而选择勇敢。勇于突破传统的思维定式，自觉地冲破陈腐思想的束缚，突破前人的观念、方式，进行一番自我的改革与创新。每一步自我突破，都是对旧事物的否定；每一步自我突破，都是自我升华，都是自我生命的更新。不敢突破自己，就不会有成功的希望和可能。

试试吧，不要再墨守成规了，只有敢于突破自己，才能开辟出一条全新的希望之路，才会有意想不到的收获，才能创造卓越。

人生最大的风险就是永远不冒险。一定要冒一次险！

6. 时间到了花自开

> 没有人能永远要风得风要雨得雨，所以无论什么挫折我都让自己冷静，不能急功近利；没有人能真正改变自己，所以坚持我自己的本色最重要。
>
> ——李娜

时间到了花自开！这是大自然的道理。

有些花开得早，有些花开得晚；有些花两年开一次，有些花年年都开；有些花开得灿烂，有些花则开得朴素；有些花早晨开，有些花晚上开。这些都是大自然的道理。

"妈妈，紧张死了，哈哈，总算赢了！"北京时间2006年6月30日晚上11点56，李娜在短信上对妈妈说。

那天，她在温网淘汰了5号种子库兹涅索娃，成为唯一闯入大满贯赛事第二轮的中国选手。两年前的中国公开赛，复出后的李娜大腿缠着绷带，从资格赛打起，打到第5场碰到了这位新科美网冠军，拿到赛点后惜败。法网第3轮，占尽主动的情况下再次饮恨后，李娜在电话里对姜山说："如果下次再碰到她，我一定能赢！"

没想到考验来得这么快，又是温网第3轮，又碰到了库兹涅索娃，这一次，在自己最不熟悉的草地大满贯赛场上，李娜实现了自己的诺言。

因为家里电视收不到转播，李艳萍是在网上看的温网直播。从1997年开始，她就开始把李娜的报道做成简报，后来又把李娜的一些比赛录下来，一方面做纪念，一方面给李娜做分析用。李艳萍早就成了一位痴狂的网球迷，只要有网球比赛，无论是不是李娜的比赛，她都一场不落，时间长了自然就专业起来。

"16进8那场，机会出现她就把握住了，所以就创了历史，8进4那场对小克，有机会但没抓住，"李艳萍说，"她回北京一下飞机就给我打电话，说，妈妈你想我吗，我都想你了，你来北京吧！我说，行，然后又说，你这次打得挺好的，发球和接发球都有进步，反手抽击也很有力，她就说，没想到你也能看出来啊！其实我还想跟她说，小克每次一削球我就心里一紧，果然，她就失误了。我告诉她，眼睛不好，你就不要把角度瞄得那么刁……"

李娜告诉妈妈，辛吉斯和她在打法网时练了几次球，她的手上感觉真的是没得说。李艳萍对女儿说："她也是复出，尽管你们的风格不一样，你也要像多学习人家的优点。"

"我妈她老爱给我支招，比如有一次她告诉我，如果你在失误后很生气，不要摔拍子，拍拍自己大腿就可以了。"李娜说。

自从2004年复出后，李娜的心态很好，先从挑战赛打起，连拿4个冠军，级别高一点的比赛，没拿到外卡，就从资格赛打起，往往要8连胜才能拿一个冠军，在广州为中国首夺WTA单打冠军就是这样。姜山说："在广州有个巧合，像之前的中网一样，李娜又遇了2号种子，也是在第2轮，也是在决胜盘拿到赛点，不过这次她拿下了，之后就越打越顺，那个冠军，她只丢了一盘，就是第2轮对扬科维奇那场。"

出了家门，李娜依然有一股特立独行的劲儿，但言行比以前收敛了许多。以前她口无遮拦，常被冠以"炮轰"的字眼，现在她懂得了审时度势。承受过从巅峰到谷底的心理落差，复出后的李娜已经不再患得患失，即使是必须戴着枷锁跳舞。

"没有人能永远要风得风要雨得雨，所以无论什么挫折我都让自己冷静，不能急功近利；没有人能真正改变自己，所以坚持我自己的本色最重要。"李娜说。大满贯8强让她在日后大赛中的自信心有了保障，也给了她自己一个高起点，最终走向了事业的巅峰。

花，总是会开的，还没开的，是时间未到而已！这也是大自然的道理。"时到，花便开"用来讲人生，这句话便是：

（1）时间到了，你的努力自然会有成果；

（2）时间到了，事情自然会有转机。

就好像时间到了，花自然会绽放一样！可是，何时才是"时到"呢？恐怕这就难定了。每个人等的也就是"时"啊！

必须要说明的是，一棵果树，不可能一种下去它就会开花，一定是种下去好几年才能开花，这是因为它本身尚未具备开花的条件。如果一棵果树已具备了开花的条件，节气来到，自然会开花。如果气候良好，更是一树的灿烂。节气虽然到了，但如果这棵果树营养不良，那么它开的花就有限，也有可能不开花，甚至枯死。

人也是一样，不可能初出社会就有不俗的成就，因为他尚未具备"成功"的条件，也就是主观条件还不够。当主观条件够了，客观环境又来配合，那么就可"大放异彩"了；如果平常下的功夫不够，时机来了，成就也就很有限，甚至也可能会有毫无成就的可能。

植物开花的节气是固定的，但人"开花"的时机却无法捉摸，所以人类永远畏惧未来，也永远在探索未来。其实，我们没有必要去畏惧未来，也没有必要去探索未来，因为未来永远是个谜。

未来怕没机会，现在能做的就是做好准备。我们只要好好做以下的事就可以了。

（1）播种。想开什么花，收什么果，那就播什么种。当然，你可以只播一类种，也可以同时播不同的种，不过不要贪多，因为这样反而会分心。

（2）照料。要除草、施肥、捉虫，让这棵果树好好长大。也就是说，要先做扎根、努力的工作，时机一到，自然会有成果出现。不下功夫，是不可能有成就的。至于时机何时出现，不必太去在意，那是老天爷的事。不过你别担心，果树一年才开一次花，人世间的事，只要努力，就随时会有成果，就算没有大成果，也会有小成果！

不过，要特别提醒你两点。

（1）别羡慕别人的花又大又漂亮。他有他的条件，你有你的条件，这是不能比较的。

（2）珍惜每一朵花所结的果，因为很有可能明年气候不好，就不会开花结果了。

果树一年才开一次花。人世间的事，只要努力，就随时会有成果。

为自己代言，等待花开！